U0062450

NEOCOGITO

阅读即行动

音音灵噪噪幽声黑白与之

姜宇辉　著

上海文艺出版社
Shanghai Literature & Art Publishing House

目录

导言　声音是存在的家园

这是一本关于声音和音乐的书。那就让我们先来谈谈根本性的问题。到底什么是声音？声音与我们的生存之间有何种本质性的关系？为何思索声音对于哲学，对于人生来说如此重要？

首先，声音是母体。这个就涉及声音和生命之间的最基本关系。谈论声音的重要性，显然有必要从生命的源头说起。有很多研究证据表明，听觉是人身上最早开始发育的官能。大致可以这么想象，羊水中的婴儿，他/她最先获得的对于周边世界和自己身体的体验不是"看见"，而是"听到"。当然，这么说显然有些过度解释。毕竟，没人真正说得清待在羊水里到底是怎样一种体验，那真的是一种聆听吗？聆听难道不需要听者有一种明确的自我意识吗？"我听故我在"？然而，我之所以从这个很确凿的科学证据来入手，就是想强调一个关键点，聆听真的是人身上一种非常基础、非常源始的体验，源始到甚至连像样的感觉都谈不上，基础到甚至连自我和意识都还没形成。在人的生命的那个混沌幽暗的起源之处，在那个人与世界甚至与自我之间都混沌未分的起点之处，已经有声音在回荡，你即使不是用耳朵在听，也绝对是用整个身体乃至整个生命在听。声音与聆听，就是人类生命最为初始的感性基质。这也是我用"母体"这个词的缘由。它的词源来自古希腊，柏拉图曾在《蒂迈欧篇》里面用它来形容宇宙的时空从中诞生的那个源始基质。但其实本不需要回溯到这么古老的渊源脉络，因为每一个活生生的个体其实都是来自母体，最终又重归于母体。哪怕我们已经不再是羊水中的那个终日昏睡的蜷缩的小小生命，哪怕我们已经变成了耳聪目明、四肢发达的社会人，母体的那种怀抱、庇护的体验，那种温暖而包容的家的氛围仍然是生命中一种挥之不去的基质。聆听往往就是这样一种回归母体般的感受和体验。在日常生活之中我们会听到各种各样的声音，但绝大多数仅仅是过耳云烟。但如果我们真的止步驻足，凝神聆听一曲音乐，甚至只是聆听四周的人和物的声音，相信都会有一种强烈的沉浸般的感受。你会觉得声音慢慢灌注到你的灵魂之中，你会觉得你的生命慢慢融化在声音里面，你会觉得整个世界都在声音的流动之中化作镜花水月般的至美之境。回到声音，回到母体，回归天真。

其次，声音是环境（Milieu）。用这个法语词的形式，就是因为它既有英文里面的"环境"（environment）之意，又同时突显出这个环境与居住栖息其中的生命体之间的密切关系。所以可能用"生境"这个词是更好的译法。声音就是生境。这甚至是一种比"声音作为母体"更为进阶和复杂的功能。母体是起点，是背景，它孕育着生命，但却总是润物无声，不张扬，不造作。但生境就不一样，比如光、气、水、土等基本要素，它们与生命的健康和谐是息息相关的。前两年大家一直热议甚至激辩的空气质量问题就是如此。每天都在呼吸的空气，每一口都实实在在吸进身体里面的空气，着实是一个性命攸关的要紧问题。治理空气，也就是造福生命本身。水的质量、土地的养分，等等，也是同样的问题。但如果就此谈到声音的话，那么很多人想必会不以为然：声音哪儿能跟空气相提并论呢？空气里多一点雾霾，能让人得肺病；但身边的街道上多一点噪音，除了让人有点心烦，又能产生什么不得了的影响呢？说实在的，那会是很大的影响。之前我带着学生读过一本小书，叫作《声音也能治病》，里面谈到了很多现在很火的"声音治疗"的案例。大家觉得挺好玩，因为围坐在一起，用和谐美妙的声音在彼此间激发共鸣和共振，确实是一件极为美妙、不可思议的事情。但你可能没想过这书的标题的另一重含义。声音之所以能治病，那往往也是因为它同样可以"致病"。它可以对你的身体形成各种积极的促进作用，同样也能造成很大程度的削弱和破坏。进入耳朵的声波可能确实不如直接进入肺部的空气粒子那样杀伤力巨大，但它可以对人的感觉、意识状态乃至神经系统造成隐微却积重难返的负面效应。噪音不仅影响心情，而且更会影响心态，甚至生态。所以晚近以来，在城市的景观设计之中，已经越来越将"声音设计"作为一个重要的考量维度。一座美好的建筑，一片和谐的空间，只是"可观""可居""可游"是远远不够的，还必须是"可听"和"可感"的。但正因为声音是弥漫的，渗透的，甚至是来去无踪、隐现无迹的，它就更能成为考验设计师之功力的一块试金石。可以说，声音越来越取代光在建筑中化育、生成、连接的流动无形的媒介的地位，这绝对是晚近以来的一个重要趋势。

第三，声音是纽带。声音是生境，但这还只是强调它近乎自然环境那般对于生命功能的重要影响。但人，当然不只是活着就够了，还必须活得快乐，幸福，甚至活得清楚明白，透彻深刻。更重要的是，还必须跟所有身边的人一起活在这同一个世界之上。生命本来就是源自大地和世界，然后再分化为分殊和独立的个体，但最终还是要凝聚为一个整体和共同体。我们每个人不仅有对自然的需要，对空气、光线和食物的需要，我们还有一种更为强烈的对他人的需要，对共有的世界的需要。但正是这样一种需要在如今的世界之上变得越来越稀缺，甚至日趋销声匿迹。我们每天还在跟他人一起挤地铁，挤饭馆，甚至挤淘宝，但却几乎从未真正感受到与他人"在一起"，进而与他人一起"在世界之中"。在大数据的时代，人人都只是用户而已，客服对你恭敬有加，那只是出于 protocol 的协定。在互联网的时代，人人都只是节点（node）而已，你身边时时刻刻挤满了无数的人，但你仍然感觉到无比的孤独和无聊。对现时代不断进行入木三分之批判的德国哲学家韩炳哲，曾将网络时代的群聚形容为随聚随散、方生方死的邂逅。人和人之间没有内在的本质性的维系，每个人都是疏离的原子。在《孤独的城市》这部几分忧伤几分绝望的灵性散文之中，现代人的孤独症结得到了极为精确的剖析：孤独（lonely）不同于"独自"（alone），它更关乎人的感受和体验，它是对于亲密性（intimacy）的渴望和诉求，与身边围绕的人群数量的多少没有直接关系。在挤满乘客的地铁车厢里面，每个人其实都是一个分裂的世界；但在顾客稀少的咖啡馆之中，可能一个眼神的交接，一句温暖的问候就能打开一扇回归心灵家园的大门。就此看来，我一直觉得，也一直试图倡导，声音在建构、重建人们的心灵纽带之中会产生更为积极而健康的作用。身为一个父亲和教授，我越来越感觉到现在的孩子不喜欢用声音作为沟通交流的纽带。他们／她们很少发语音，也基本不会打电话，甚至在线上会议之中也更喜欢使用聊天区的留言板而不是直接开麦。我不知道这是不是好事。但预先的价值判断并不重要，重要的是要深入细致地审视身边所发生的种种变化与现象。世界变得越来越沉默，似乎是我们这个世界正在发生的一个鲜明的变化。你不再会注视着对方的面孔，然后说出自己的心声。你不再会凝望着对方的眼睛，开始聆听他的想法。如果世界正在全面数据化的话，那么，这也将注定是一个彻底消声的世界。并不是说声音将在世界上销声匿迹，这当然不可能。这只不过是想指出一个基本的事实：声音也不过是一种数据而已，而数据从根本上说是无声的。如今每个人更关心的是如何以声音的方式汇入数据的洪流之中，分一杯羹也好，演一场戏也好，但那无非只是情非得已地加速滑向那个陌异的未来。声音已经不再是我们寻找自己、探寻彼此的心灵纽带，它是数据，仅此而已。

那又如何理解这个时代的另一个截然相反的现象，也即这个世界正变得越来越嘈杂和喧嚣？大家不发语音，但大家喜欢直播。大家彼此沉默，但睡前却总是要朗诵一首诗歌。现实空间中的声音越来越稀少，但虚拟空间中声音却如潮水一般泛滥，这到底又是怎样的一种症候？在这篇小文之中，我完全没办法给出答案，连诊断都谈不上，只想就此引出声音的最后一个特征，它是自我的体验（inner voice）。声音是生命的介质，声音是肉身的体验，正因此它就具有不可还原的外向和内倾这两个方面。我们发声，让别人听见自己；但我们沉默，却往往是为了让自己听见自己。然而，这两个方面之间的日渐撕裂，却恰恰是这个时代声音景观最根本症结。每个人都在发声，甚至都在抢着争着发声，因为你自己的声音必须被别人听见，这样才能成为数据被收集，成为流量被计算，甚至成为热点被推送。但今天还有谁真的会把声音当成内心的声音来说，来听，来感受吗？聆听自我，似乎反倒是大家眼中的一种病态。在内心的堡垒之中跟自己说话，这似乎变成了每个人最不擅长，甚至最不愿意进行的一项活动。真的还有一个隐藏起来的内心世界吗？在内心世界之中真的还有一个所谓的自我吗？孤独难道不已经是一种"不合时宜"的迷执甚至错乱？

　　但在尼采和阿甘本的意义上，不合时宜恰恰是一种深刻的哲学反思的起点。依附于时代，屈从于意见，向来不是哲学家们甘心所为之事。那就不妨将聆听自我作为一件不合时宜的事情，将孤独作为人生哲学的入口吧。这种"独自聆听"的体验，也大致贯穿起全书的各个篇章。第一篇谈的是比较理论的话题，但也相对宏大和普遍，因此适合放在起始之处。音乐，不仅对于卢梭来说是一个关键性的问题，更是由此打开了思考声音和音乐的一些普遍的视域，声音与语言，音乐与理性，甚至情感与自由，等等，这些根本性的主题也将一次次出现在全书各处。

　　第二篇和第三篇大致可以放在一起来阅读，

前者深思绘画和图像的问题，后者聚焦语言和意义的维度，但皆以声音为基本的媒介和纽带。声音，既是通往更为高阶的意义通道，但同时又作为"沉默之声"（梅洛－庞蒂语）打开了更为原初而根本的表达途径。由此看来，哲学的思考或许从来都不是概念和语言的特权，人类完全可以或理应以更为开放性的方式去尝试种种的别样的思考。在我的理解之中，声音似乎是一种远比其他媒介更为根本的思考方式。这不仅是出于前文提及的发生学、社会学、媒介学的理论，而且更是因为，声音之生成运动的逻辑似乎更能够打开思考本应具有的开放性、差异性、流动性。在《差异与重复》的开篇，德勒兹曾畅想一种具有动态韵律的思考，他也提到了音乐和舞蹈，这或许也是在提示我们，声音，完全可以作为另一种更为轻灵曼妙的思考之肉身。

由此进入第四和第五篇。这两个部分显然更关注具体的音乐领域，尤其是更为晚近的实验音乐和电子舞曲。这当然跟我自己的人生阅历有密切关系，但其中的深意远不止于个人的爱好。从噪音的角度重释《意义的逻辑》，从 Techno 音乐重释《差异与重复》，这远非是一个主观的偏好甚至个人的偏执，而是能够给原来的哲学文本增添一个更为生动而开放的创造性维度。从这里也可以看出，我在全书之中所尝试的并非一般意义上的音乐哲学，而其实更接近"哲学音乐"。我更试图以音乐为生成的强力，让哲学的思辨与推理展现出别开生面、别具一格的差异性矢量。

第六篇献给我挚爱的法国诗人博纳富瓦，并试图在他的诗中找到以声音来带动语言，再以隐喻来催生思考的鲜活例证。第七篇和第八篇都是以"反讽"的方式来进行的，又形成了彼此的呼应。第七篇首先质疑了当下音乐工业对聆听的孤独体验的异化与剥夺，进而试图借助阿多诺对电影配乐的思考来打开通往主体性的真正道路。第八篇同样如此，它首先质疑了数字社会所盛行的新巴洛克文化是否真的能够带来深切的感动，由此又经由胡塞尔和德里达的现象学之思尝试打开电子游戏中的孤独聆听的体验。这两篇都在很大程度上拓展了第六篇的比较经典的主题，进而也是意在提示读者，聆听这个问题，不仅在阳春白雪的诗歌领域之中富有深意，同样关涉到日常生活中的种种审美体验。

第九篇较为特别，也是全书之中最"私密"的一个段落，因此也故意被置于这个看似"不起眼"的角落。氛围音乐（ambient music），是我自己酷爱的一种电子音乐的类型，不知道有多少个不眠之夜，我都是在那或黑暗或梦幻的声境之中度过或熬过的。声音是存在的家园，这是一个宏大的哲学命题。但声音确实是我自己的生命的家园，这也同样是如此真实而切己的体验。

最后一篇是全书的理论总结，也是我自己迄今为止对于音乐的一个结论式的概括。音乐作为宇宙之力，这本是德勒兹和加塔利在《千高原》中的一个著名命题，但它的意义完全可以延伸到整个西方的音乐发展史。其实我在这本小书之中的点滴思考，也始终是围绕这个主题而展开的。音乐，之所以能够连通自我、他人、大地和宇宙，之所以在今天仍然蕴藏着巨大的变革之力，也正是在于这个深刻而宏大的本体论前提。这本书里面的哲学思辨或许显得抽象而苍白，但真心地希望用心的读者能以这些文字和思考为窗口，敞开心灵去聆听那个包含无限神髓的宇宙。

是为序。

"未完成"的节奏

——卢梭与启蒙理想的音乐性

标题中"未完成"这个说法源自泰伦斯·马歇尔（Terence E. Marshall）的重要论文《卢梭与启蒙》[1]。在其中，他首先详细梳理了卢梭与启蒙思想家之间的深刻理论分歧。就个体与群体之间的关系这一核心问题而言，启蒙思想家们诉诸理性作为二者之间的直接中介，但卢梭则从各个方面论证了理性并不足以独自承担此种职责，而只有情感（sentiment）或激情（passion）方能真正起到此种作用。在卢梭看来，以理性为主导的科学与形而上学始终面临着一种根本的悖谬或困境。虽然启蒙思想以探究真理和知识为己任，但此种探究并非以一种终极真理体系为目的，而始终是

---

[1] Terence E. Marshall, "Rousseau and Enlightenment", in *Political Theory*, vol. 6, no. 4, Special Issue: Jean-Jacques Rousseau, Nov., 1978, pp.421-455.

"一种无法终结的、无限的追求"①。这是因为此种探究所秉承的基本精神和方法即是笛卡尔所肇始的普遍怀疑。② 保持一种始终开放的、"未完成"的活力，不断探索，绝不墨守成规，这本身应该是一种健康理性的衡量标准，但问题在于，它亦有陷入相对主义的危险：或许它所提供的只能是不断变换的视角，所达到的亦始终是局部的、暂时性的"界域"③，而它所孜孜以求的那种总体性的知识和真理始终是一种"幻象"。

与此针锋相对，卢梭指出，唯有诗人的创造才能真正建立个体和群体、人与自然之间的本质性维系纽带。简言之，诚如马歇尔敏锐指出的，卢梭之反对启蒙，并非意味着他简单地退回到常识或世俗知识（folk knowledge）的朴素立场（对于启蒙思想家来说，这不啻一种"无知"的状态）。正相反，他是想将个体提升到单靠理性自身无法实现的更高精神境界。在这里无法详尽阐释卢梭的艺术哲学体系，我们仅选取音乐这一具体艺术范畴来作为入口。此种选择主要基于双重考虑。一方面，纵观西方思想史，卢梭在音乐（兼

① 　同上，p. 431.

② 　同上，p. 424.

③ 　同上，p. 424.

顾理论和创作）上的造诣罕有人可比肩（或许唯有阿多诺是例外）[1]，而他在音乐哲学上的论述也不断焕发出启示性力量；另一方面，音乐亦最能有效建立个体和总体之间的关联，从而得以最为真切地实现启蒙思想所孜孜以求的那种始终处于"未完成"的开放状态的运动。阿多诺曾对理论的总体和音乐的总体进行了相似的对比：前者以理性为中介，但最终只能达到总体的幻象；而在音乐之中则不同，"那种密切的关系是一种生气勃勃地正在展开的总体的密切关系"[2]。就此而言，如果我们不执意如卢梭那般将艺术与理性对立起来，或许倒可以更为恰切地将艺术（尤其是音乐）作为启蒙理想的一种更为深刻的延伸或实现。这或许是我们本章的主旨所在。

一、表象与在场：艺术的政治学

要真正理解卢梭的音乐哲学，有必要从两个

---

[1]　较早的关注如 Eric Taylor 的文章 "Rousseau's Conception of Music"（in *Music & Letters*, vol. 30, no. 3, Jul., 1949, pp. 231-242）。而卢梭的音乐思想近年来激发出学者们越来越浓厚的研究兴趣。

[2]　马丁·杰：《阿多诺》，瞿铁鹏、张赛美译，中国社会科学出版社 1992 年版，第 220 页。

视角出发。从大的视角看，音乐在卢梭的整个哲学体系（尤其是非常重要的政治哲学）之中占有着关键地位，甚至可以说音乐是实现其政治理想的一个本质性途径。但音乐何以能够起到此种作用？接下来还须将音乐作为一种具体的艺术形式，进一步阐释卢梭对于它的种种基本构成要素（尤其是旋律，和声和节奏三要素）的具体分析。这两个方面相辅相成，让我们先从前一个方面入手。

在《卢梭思想中的音乐、政治、戏剧与表象　》（Music, Politics, Theater, and Representation in Rousseau）一文中，杜根与斯特朗（C.N. Dugan & Tracy B. Strong）详细深入解析了音乐与卢梭政治哲学之间的密切关联。他们首先明确提出问题：既然卢梭集中将政治中的"表象"（representation）作为批判目标，那么，音乐是否可以作为一种成功地挣脱了表象牢笼的解放性的艺术形式？

卢梭对"表象"的批判集中于《社会契约论》中对主权（souveraineté）概念的探讨。主权无非就是"公意（volonté générale）的运用"。[①] 而

---

① 卢梭：《社会契约论》，何兆武译，商务印书馆 2003 年修订第 3 版，第 31 页。

公意在卢梭含混复杂的文本之中至少有两层基本含义，一是具体行动，二是超验原则。[①] 作为具体行动，它总要和不同的个体相关；但作为超验原则，它又指向着人民的总体。显然，在公意这个基本概念中，个体与总体之间的关联这一核心问题已明确提出。而主权正是实现这一关联的本质性纽带。卢梭对主权的基本界定有二："不可转让"（inaliénable）和"不可分割"。而他对"不可转让"这一最基本的原初特征的论述则直接与表象问题关联在一起："正如主权是不能转让的，同理，主权也是不能被表象的；主权在本质上是由公意所构成的，而意志又是绝不可以被表象的；它只能是同一个意志，或者是另一个意志，而绝不能有什么中间的东西。"[②] 虽然卢梭的用意是针对霍布斯的契约论（如克里斯托弗·伯特伦[Christopher Bertram] 所指出的），但这个论述背后实际上是一个基本的哲学原则：公意作为一种意志，其自身是不可能被转让、给予他人的。原因很简单，意志的本性是自由和自主，它与行动之

---

① Christopher Bertram, *Routledge Philosophy Guidebook to Rousseau and The Social Contract*, Routledge, 2004, p. 98.

② 卢梭：《社会契约论》，第 120 页。仅根据本文的语境将"代表"统一译作"表象"。下同。

间的关系总是直接的（虽然会受到种种外部或内
部因素的影响）：或是肯定性的，即实现为行动；
或是否定性的，即未能实现、受到阻碍。你可以
放弃行动的权力，接受奴役；你亦可以转让行动
的权力，让别人代劳。但就意志本身而言，是断
然无法被转让或放弃的。如杜根和斯特朗所敏锐
意识到的，这里涉及的是另一个更为根本的哲学
难题，即在场性①。简言之，卢梭的论证要想成
立，必先设定一个基本前提，即意志本身的纯粹
在场性的可能。意志不可被转让因其不可被表象，
这就意味着它不能通过其他的中介环节来呈现自
身，而只能是纯然地、直接地呈现自身。"主权具
有这样的特性，它只在当下在场并如此呈现给我

---

① 他们援引的是美国著名艺术批评家迈克尔·弗雷德（Michael
Fried）对"在场（presentment）/在场性（presentness）"的著名
区分（译法取自《艺术与物性》中译本：张晓剑、沈语冰译，江
苏美术出版社 2013 年版）。前者仅指示一种事实性的状态，而后
者则指向更深层的当下即永恒的时间性样态。无独有偶，德里
达在《论文字学》中同样将这一点作为其对卢梭的阐释的核心
线索（尤见第二部分第三章）。德里达所重点依据的文本恰好是
我们下文即将重点讨论的《论语言的起源》。

们。"① 由此我们至少可以引申出两个推论：一方面，从个体性的角度看，意志的实现始终指向具体的、当下的情境，由此体现出一种不可还原的偶然性特征，看似无法对其做出普遍、绝对的界定。但另一方面，这意味着我们必须从别种角度来理解意志的普遍性：意志是普遍的，并非因为它指向着某种抽象的理性法则，而是源自它的纯粹在场所体现出的超越时间和历史的"永恒"维度（*atemporal* nature）②。

这些论述又再一次从学理上印证了卢梭对启蒙的批判，或者说，以追寻普遍理性法则为宗旨的科学与形而上学"理论"显然无法实现他所追求的主权意志的纯然、直接的呈现。但当我们回归艺术之时，也会遇到同样的问题，因为艺术之中亦存在着表象艺术和非表象艺术之分。在卢梭看来，所谓表象艺术的代表正是戏剧。在《致达朗贝尔的信》（*Lettre à M. D'Alembert*）中，卢梭从这个角度对戏剧进行了尤为激烈的批判。他指

---

① C.N. Dugan &Tracy B. Strong, "Music, Politics, Theater, and Representation in Rousseau", in *The Cambridge Companion to Rousseau*, edited by Patrick Riley, Cambridge University Press, 2001, p.331.

② C.N. Dugan & Tracy B. Strong, "Music, Politics, Theater, and Representation in Rousseau", p.332. 斜体字为本文作者所加。

出，戏剧虽然总能表达强烈的情感，也能够由此深深地打动观众，但问题在于，此种情感并非源自观众中的每一个不同个体的意志的真实表达。或许正相反，观众只是戏剧情感的被动接受者：他总是"被"感动，"引起"共鸣。戏剧看似总在营造着人与人之间的心灵共鸣，总在尝试着建立起群体之间的最为普遍的情感维系，但脱离了个体身上的意志在场这个源头和基础，所有这些营造都是虚幻性的。[①] 在戏剧之中，如果说真有何者的意志得到表达的话，那就既不是观众，更不会是舞台上亦步亦趋的演员，而只能是背后操纵一切的作者。这就进一步导致两个恶果。在对柏拉图文本进行转译和阐释（其实更多是借题发挥）的《论戏剧摹仿》一文中，卢梭首先指出，正如（在柏拉图那里）摹仿隔开了事物和原型，在戏剧之中，表象同样也隔开了观众与真实情感，使得人们越来越满足于成为单纯的"看客"而非积

---

① "我们之所以有钦佩正直和厌恶邪恶之心，其根源在我们自身，而不是来自戏剧。没有任何一种舞台艺术能使我们产生这种心理；舞台艺术只能表演它。"（卢梭：《致达朗贝尔的信》，李平沤译，商务印书馆 2011 年版，第 47 页。）这样的说法更妙："只干巴巴地空流几滴眼泪，一点真情也没有。"（同上书，第 48—49 页。）

极的参与者。① 另一方面，更为严重的是，表象
和摹仿不仅隔开了真实，而且还遮蔽乃至扭曲
了真实。② 这主要是因为，不管是否出于明确意
识，创作者的情感和偏好都在不断地或明或暗地
左右着观众自身的真情实感，从而他的主观视角
也就相应地取代了每个个体的真实判断。和舞台
上的演员一样，我们亦越来越沦为作者意志的玩
偶。这样也就导致个体的体验和判断的能力不断
削弱，从而也就最终导致个体的意志力量的不断
衰弱。③ 而且，作者为了让他的作品更有吸引力，
更能"俘获"观众，往往会诉诸一些约定俗成的
"套路"，得心应手地让观众们按照他自己所安排
的方式来笑和哭。

---

① "戏中的种种表演不仅没有缩短我们与剧中人的距离，反而使
我们与他们远离。"（同上书，第50页。）

② "试图在戏剧中忠实地展现事物的真正关系，是办不到的，因
为剧作家往往会改变这些关系，以迎合观众的口味。"（同上书，
第52页。）实际上，在卢梭的笔下，封闭的剧院的场景与《理
想国》中那幽暗洞穴的场景又是何等相似。这也是他更为赞颂
那种在开放空间"上演"的生活"戏剧"的原因。由此他才会
嘲讽达朗贝尔说："你无疑是第一位公然撺掇一个自由国家的人
民，撺掇一个小城市，一个穷国耗资修建一座剧院的哲学家。"
（同上书，第37页。）

③ "舞台上情意绵绵的表演，将使我们陷入意志消沉的境地，……
我们虽向往美德，但结果是心有余而力不足，不能付诸实行。"
（同上书，第90页。）

　　如此描绘的戏剧无疑是令人生厌的。卢梭忆及他童年在日内瓦观看广场庆典的场景，并由此感叹，戏剧不是生活，唯有生活才能真正展现戏剧般的力量。舞台上的戏剧毋宁说是削弱、剥夺了真实个体的生活意志和能力①，而唯有投入生活的戏剧之中，个体与群体之间才能形成真实的共鸣和融汇：伴随着音乐的节奏和狂欢的氛围，每个个体都真实地表达着自身的舞步，而彼此之间又形成了默契。这里，没有谁是别人意志的傀儡，大家也没有遵循着任何现成的套路和惯性的程式。"这里，每个成员都表现着整体，他们彼此需要，就像体验自身那般来体验他人。"②

　　那么，音乐何以能够产生此种直接沟通的力量呢？首先我们可以断定，对比戏剧，音乐具有诸多优势：它同时将"体验""意志"和"判断"的力量真实、直接地还给每一个自由个体。由此我们有必要重新细读卢梭的《论语言的起源：兼论旋律与音乐的摹仿》（*Essai sur l'origine*

---

① "有些人以为一进了剧场，彼此就亲近了。然而，恰恰相反，人一进了剧场，就会忘记他的朋友，就会忘了他的邻人和亲人，只对剧中瞎编的情节感兴趣。"（同上书，第39页。）

② C.N. Dugan &Tracy B. Strong, "Music, Politics, Theater, and Representation in Rousseau", p.335.

des langues, où il est parlé de la Mélodie, et de l'Imitation musicale，下简称《起源》）。这篇卢梭死后出版（1781 年）的短论经由德里达在《论文字学》中的精妙阐发（有时又确实过于冗长拖沓），越来越吸引了卢梭研究者的目光（限于我们的论题，主要参考《论文字学》"摹仿"这一节）。而从"摹仿"的角度深入反思音乐的认知功能和本体地位，也越来越显示出深刻的启示力。

二、《起源》：音乐的"起源"

《起源》标题中的"兼论"似乎暗示着音乐在该文中仅列于附属地位，但实际上，卢梭在这里要达到的主要结论是，语言在当代衰落的主要原因正在于它失去了与音乐之间的本质关联（语言与音乐，原初本为一体）。从这个角度看，音乐的重要性不言自明。

在该文的一开始，卢梭简要区分了视觉形象和话语声音之间的差异，随即明确指出语言起源于"精神的需要，亦即激情（passions）。激情促使人们联合，生存之必然性迫使人们彼此逃避"[①]。因而，人类最初的语言形态并非有着清晰规则和体系的理性语言，而是源自激情的诗和象征的语言（将激情之"幻象"[illusion]转化、凝结为"隐喻"[métaphorique]）。这里有两个要点值得注意。一是激情指向的是人与人在心灵或精神层次上的联结，因而超越了单纯的物质和肉体的需要（"将激情传达于他人，既要入耳，又要入心"[②]）。二是仅从声音表现力的角度来看，原始语言要比日后越来越"精确化""观念化""理性化"[③]的语言丰富得多："声音无穷无尽，置入重音，声音数量又倍增；……在声音与重音的组合之上，再添上节拍（temps）或者音长（quantité）。"[④]显然，原始语言更接近音乐，或更准确地说，从源头上来看，二者同样指向着浩瀚绚烂的声音海洋。[⑤]但在卢梭看来，语言演化的历史却也恰恰是不断偏离这个源头、不断失却

---

① 卢梭：《起源》，洪涛译，上海人民出版社 2003 年版，第 15 页。另，从十二章到十九章后来又有吴克峰的译文：《卢梭论音乐》，《人民音乐》2012 年第 7 期，第 55—60 页。

② 卢梭：《起源》，第 22 页。

③ 同上书，第 25 页。

④ 同上书，第 22 页。

⑤ 从这个音乐与语言混沌未分的源头来看，正可以用卢梭所偏好的那个含混多义的词"voix"来描摹（第二章）。

与音乐联系的历史。字母文字的出现或许更有利于不同个体或不同种族之间的沟通交流，但它所导致的结果亦是"改变了语言的灵魂。文字以精确性取代了表现力。言语传达情意，文字传达观念"[①]。当语言失却了它的激情的源泉，也就逐渐丧失了它的生命力和"灵魂"，蜕变为苍白的观念符号。

由此卢梭试图回到语言的萌发时代，去探寻那已然失落的情感源泉。虽然他对所谓南方和北方语言起源的描述更多像是《论人类不平等的起源和基础》的翻版或拓展[②]，但其中对情感方面的论述确实带来一些新的启示。对比起来，南方语言起源于情感，而北方语言起源于需要。从卢梭的论证语境来看，显然前者更为关键，也占据了大量篇幅。除却细节，南方语言的情感起源可以归结为一个命题："地球孕育了人类。第一需要使人分散，但其他需要又使人联合，只有到了这一时刻，他们才言说且成为别人言说的对象。"[③]换

---

① 卢梭:《起源》，第32页。同样，"在自然发展中，一切字母语言必然变化其特征，在获得清晰性的同时，它们丧失了力量"（同上书，第44页）。

② 这本不奇怪，因为卢梭的《起源》本来就是构想为《论人与人之间不平等的起因和基础》的一部分。

③ 卢梭:《起源》，第62—63页。

言之，真正催生语言的并非人类之初的那种处于"分散"状态时的种种恐惧、焦虑、敌视的情感，而是将人们联结、维系在一起的情感。此种"社会情感"（affections sociales），最初即表现为怜悯（la pitié）："通过推己及物（En nous transportant hors de nous-mêmes），与其他受苦难的存在者连为一体（identifiant）。"① 这里，"推己及物"即是情感将自我带向超越自身的运动，其最终的目的正是为了形成一个更高的统一性的总体。

　　既然音乐与语言分享着共同的源头，那么也就同样可以从此种社会情感的角度来对音乐的起源进行解说。所以卢梭在论"音乐的起源"一节的起始就明确肯定，"无论是第一次吐字，还是第一次的声音（son），都是与第一次的发声（voix）一同形成的，它们的基础就是支配着它们的激情"② 。催生语言和音乐的情感是相同的。更进一步说，在起源之处，二者简直就是浑然一体、难解难分的。这一断言不难理解。但德里达点出的一个深刻观察却道出了不寻常之处："语言之前无音乐。音乐源于言说而不是声音。…… 如果音乐

―――――――――

① 同上书，第53页。本文作者对译文有所修正。

② 同上书，第85页。

以言语为前提，它就会与人类社会同时产生。"①
其中，"音乐源于言说而不是声音"，这足以道出
卢梭音乐哲学的最为核心的界定。初看起来，这
是一个极为令人费解的论断。因为按照通常的理
解，音乐难道不正是对声音进行组织、从而对人
的感觉以至心灵产生审美效应的艺术形式？但对
此卢梭做出了极为明确的否定，"音乐并不是将
声音组合使之悦耳的艺术"②，或者说，"音乐对于
心灵的力量，不能归因于声音"③。那么，我们倒
要追问，离开了声音这个源头，音乐的力量还能
源自何处？卢梭亦给出明确答案：音乐最终是一
种"摹仿"的艺术。但摹仿什么？或许正是原初
的"社会情感"。不过，语言不也同样是对此种情
感的"摹仿"？看来更为关键的问题不是摹仿什
么（这一点在卢梭的论述中本没有疑义），而是摹
仿的方式。"是什么使音乐成为另一种摹仿艺术
呢？旋律。"④ 那么，旋律的摹仿有何特别之处？
"它摹仿（各种）语言的腔调，摹仿其俗语，使其

---

① 雅克·德里达：《论文字学》，汪堂家译，上海译文出版社1999
　　年版，第284页。
② 卢梭：《起源》，第95页。
③ 同上书，第92页。
④ 同上书，第96页。

与心灵的特定运动产生共振。"① 显然，即便说音乐和语言皆同样指向着心灵的"特定运动"，但二者之摹仿作用是不同的，最终仍然是语言占据了主导地位：音乐的摹仿归根结底是"语言性"的。由此也可以理解为何旋律会在卢梭的音乐哲学中占据核心地位。诚如当代音乐哲学家彼得·基维结合苏格兰启蒙运动的代表人物（托马斯·里德和哈奇森）的观点所指出的，"人声音乐在音乐中的明显相似物是旋律线，在独唱和咏叹调中，旋律线当然是另一种人声语言：也就是说，歌唱。"② 而将音乐的起源归结为歌唱，这也是卢梭向来的立场。这一切本是顺理成章的推论：既然情感是本源，而人声和歌唱又显然是情感的最为直接的表达，那么与之密切呼应的旋律也就当然成了音乐之中的核心和本质。所以说"诗、歌曲、语言不过是语言本身（la langue même）而已"③。

① 同上书，第 100 页。

② 彼得·基维：《纯音乐：音乐体验的哲学思考》，徐红媛等译，湖南文艺出版社 2010 年版，第 33 页。

③ 卢梭：《起源》，第 86 页。旋律与语言的密切关联在《论法国音乐的信》（Lettre sur la musique française）中亦十分明显，那里卢梭区分了音乐的三要素：旋律、和声与小节（measure），而其中"小节之于旋律，恰似语法之于话语"（转引自 Eric Taylor, Rousseau's Conception of Music, p.235）。

如此，我们终于领会了德里达观察的深刻之处：之所以卢梭要隔断音乐和声音之间的"自然"维系，从而将音乐最终拉向语言这一边，其实质正是为了将音乐的起源置于人类社会之"内"。正是在这个意义上，他必然会断言音乐"与人类社会同时产生"。事实上，他不是确实说"诗、音乐、语言同时诞生"[①]吗？但接下去，与其跟随德里达的脚步，对自然/社会、内/外之间的"替补与间隔"的关系进行一番玄奥高深的思辨，还不如结合音乐这种具体而特殊的艺术形式，来进一步对卢梭的论述进行反思。

实际上，卢梭音乐哲学的缺陷实在是过于明显了（但这又何尝不是其力量所在）。他的论述毫不掩饰地将音乐中的一大部分（如果不是绝大部分）剔除了出去——那就是所谓"纯音乐"（music alone）[②]。事实上，就整个西方音乐史而言，自从音乐脱离"社会功能"之束缚成为一种

---

① 卢梭：《起源》，第 85 页。楷体强调为本文作者所加。

② 在卢梭提到所谓"纯器乐音乐"的寥寥数语中，要么将其起源归结为人声音乐（vocal music），但这并没有什么艺术史上的依据；要么就索性断言"纯器乐几乎是无意义的，因为它并没有表达语言文字"，参见 Eric Taylor, *Rousseau's Conception of Music*, p. 241。

"自律"的艺术形式之后[1]，纯音乐毋宁说就成为音乐范畴之中极为重要的形式。即便就在卢梭写作《起源》的时代[2]，所谓纯音乐亦已经越来越占据重要地位。那么，他的这些有着如此明显缺陷或"偏颇"的论述是否能够恰当揭示音乐的真正本质？

仅从其音乐哲学的基本立场来看，回答似乎是否定的。主推纯音乐的基维着力批判的两个流派（再现主义和情感主义）似乎皆汇聚于卢梭的身上：卢梭既明确将音乐的根源归于情感，又将音乐表达的基本方式归于对原初情感的"摹仿"。但仔细想来，却又不仅如此。结合上文论述，卢梭的"摹仿"既不同于简单的"再现"（比如对具体对象的摹仿），亦不能等同于基维所说的"深层的再现"（以叔本华为代表），即将音乐指向某种

①　伊凡·休伊特：《修补裂痕：音乐的现代性危机及后现代状况》，孙红杰译，华东师范大学出版社 2006 年版，第 13 页。

②　很多学者倾向于认为这个时间不早于 1755 年（参见 Downing A. Thomas, *Music and the Origins of Language*, Cambridge University Press, 1995, p.84）。这个时期，古典主义虽然方兴未艾（莫扎特 [1756—1791]，海顿 [1732—1809]），但巴洛克音乐（尤其是巴赫的那些纯器乐作品）的影响却仍然是巨大的。当然，按照休伊特的说法，音乐的真正独立是自 18 世纪（海顿和莫扎特的年代）逐渐开始，而巴赫的器乐作品仍然未彻底摆脱"社会功能"的附庸。

超越的本体或秩序。诚如杜根和斯特朗的敏锐观察："这样，音乐就是认知性的，这并非说它指示出物之所是，而只是说它确立起与物之间的恰当关系。"[1] 换言之，音乐的"摹仿"其实并非旨在"复制"或"指示"，而更在于确立关系，并传播"效应"和"作用"。由此卢梭才将音乐称作"激发的艺术"（the art of arousing），以此区别于其他作为"说服的艺术"（the art of convincing）[2] 的表象性的艺术形式（尤其是戏剧）。说服的艺术将他人的情感和意志强加于观者，而激发的艺术则旨在真实地引发主体自身的情感与意志。[3] 说服的目的在控制乃至奴役，而激发的目的则在于引导与启发。在这个意义上，其实音乐更为接近启蒙的精神，因为它将体验和判断的权力和能力再度交还给主体自身。诚如杜根和斯特朗所言，"音乐是

---

[1]　C.N. Dugan & Tracy B. Strong, "Music, Politics, Theater, and Representation in Rousseau", p.349.

[2]　这两个说法转引自 C.N. Dugan & Tracy B. Strong, "Music, Politics, Theater, and Representation in Rousseau", p.345。就此点而言，德里达从"替代"和"补充"的角度来理解音乐的"摹仿"或"复制"就显得尤其不得要领（德里达:《论文字学》，第294—295 页）。

[3]　"音乐不直接表现这些事物，但它会在灵魂中激起亲眼看见这些景物时的同样的情感。"（卢梭:《起源》，第114 页）

属于我们自身的"①。从这个基础出发，音乐才能真正进一步实现人与人之间的互通。

　　而卢梭音乐哲学在这个方面的深刻意义，当然是坚持认知主义立场的基维所难以企及的。实际上，基维对纯音乐的论述无非只是突出了西方音乐中的"文本支配性"和"规则的限定性"这两个方面，而忽视了更具启示性和"升华性"的"灵感"的方面。② 而基维对更具技术性的和声对位的强调亦与卢梭对旋律的精神性的界定形成鲜明反差。如若从卢梭的立场来看，基维的认知主义亦恰好可以作为其批判的对象：所谓"无意义、无参照或无具象特征"③ 的纯音乐难道不正是卢梭所论述的失却了情感—言语源泉的、"蜕变"（dégénéré）了的音乐形式？音乐的蜕变和语言的蜕变亦是同时进行的，当二者失却了原初的情感维系，便各自分裂为抽象的形式—规则的系统。基维可以断言说"音乐思维是思维，音乐理解是理解。无论你是否相信，思维完全是语言学

---

① C.N. Dugan & Tracy B. Strong, "Music, Politics, Theater, and Representation in Rousseau", p.350.

② 参见休伊特对西方古典音乐的五个基本特征的划分：《修补裂痕》第20—22页。

③ 彼得·基维：《纯音乐：音乐体验的哲学思考》，第144页。

的"[①]。但如此理解的"纯"音乐是全然没有生命力和感动力的音乐，正如这样理解的语言亦是全然没有音乐感的抽象符号系统。

"这就是音乐，当局限于振动组合的单纯物理效果时，最终是如何丧失其对于精神的影响的"[②]，——卢梭的警示理应让我们直面这个根本难题：如何保留音乐的"纯粹性"（即其与声音之间的自然关联），但同时又不丧失其"灵性"的源泉和旨归（实现个体之间的心灵联结[③]）？

三、"节奏"与启蒙理想的音乐性

在卢梭那里，偏向人性与语言根源的旋律和偏向人为（"约定"）的技术形式的和声形成了鲜明的对照。虽然旋律与和声都旨在建立音乐的统一性，但旋律的统一性最终实现的是不同个体之间的真实"联结"，因而是至关重要的[④]；而和声

---

① 同上书，第 84 页。

② 卢梭：《起源》，第 127 页。

③ "正如贝多芬在《庄严弥撒》的题献页上所作的表达——音乐可以径直地'从心灵到心灵'。"（休伊特：《修补裂痕》，第 17 页。）

④ "在我看来，旋律的统一性是一个必需的法则。"（卢梭：《论法国音乐的信》，转引自 Eric Taylor, *Rousseau's Conception of Music*，p. 236。）

的统一至多只能实现音乐内部的形式秩序，因而仅仅是空洞而苍白的："即使花上一千年的时间来计算音的关系和和声的法则，这一艺术又怎能转变为一种模仿的艺术？"[①]

对旋律在音乐之中的重要地位和作用的强调，在音乐理论之中本来不存在太多争议。[②]难点在于和声。我们已经看到，当卢梭提出语言和音乐是"同时"诞生的论断、并从而将旋律在音乐中置于首要地位之时，他恰恰是要将自然与文化作为"同时"的维度（无论二者的关联怎样复杂难解）纳入到"起源"之处。旋律从根本上来说当然亦是声音，但它在起源之处就已经打上了语言的烙印，二者是难解难分地结合在一起的。而反观和声，则显然不同。在和声及相关的调性体系之中，自然（声音）与文化（规则，约定）极为明显地处于分裂的关系。当代著名音乐哲学家布里安·K. 艾特在其代表作《从古典主义到现代主义：西方音乐文化与秩序的形而上学》中一开始

---

① 卢梭：《起源》，第 100 页。

② "旋律是音乐的灵魂，是音乐的基础。……旋律将许多音乐基本要素有机地结合在一起，成为一个完整的不可分的统一体。"（李重光：《基本乐理简明教程》，人民音乐出版社 1990 年版，第 186 页。）

就围绕贯穿 20 世纪音乐史的新 / 旧、古 / 今、先锋 / 传统等等难解争端提出问题："音乐是所有经过组织的声音？还是在一个特定传统中的艺术创造？"[①] 从自然本性上说，音乐当然就是声音及其种种"组织"形式，因而就是一个纯粹的、自足而自律的形式系统，而其他的种种"外部"的功能（表象、描绘、叙事、教化等等）都是衍生和附加的作用和效应。

不过，即便此种从达尔豪斯到基维的所谓"纯音乐"的立场向来占据着晚近音乐哲学的支配地位，但它显然无法对音乐本身的运动、变迁、发展的过程给出恰当而充分的阐释。根据此种立场，所有的音乐变革（比如从古典音乐向现代主义的变迁）归根结底都是偶然的，只是音乐体系内部形态的随机更迭而已。诚如索绪尔所言，就一个结构体系而言，历时性的联系只能是偶然性的。[②] 确实有很多学者从这个角度来理解现代音乐的调性"革命"："西方的和声体系不是本来就有

[①]　布里安·K. 艾特：《从古典主义到现代主义》，李晓东译，中央音乐学院出版社 2012 年版，"前言"，第 6 页。

[②]　"历时事实是个别的；引起系统变动的事件不仅与系统无关，而且是孤立的，彼此不构成系统。"（费尔迪南·德·索绪尔：《普通语言学教程》，高名凯译，商务印书馆 1980 年第 1 版，第 136 页。）

的东西，不是自然的事实，而是一个逐渐成形的过程。'新和弦'在被作曲家'意外发现'后，就从'潜在性'中脱离而成为现实。在这些'新和弦'的周围，旧和弦仍然存在，是故和声之'网'注定日益膨胀。音乐体系自身能够引发新奇性，这项能力不是通过与外部发生联系，而是源于其自己的本质。"[1]显然，和声的自然本性和文化特征之间的关联只能是偶然的：选择何种调性体系，遵循何种和声规则，这都是作曲家的"意外发现"而已。而更进一步说，其实作曲家的地位也远没有那么重要，因为他亦只是和声体系内部从"潜在"的可能性到现实形态转变过程中的一个中间环节而已。

　　然而，这样一个追求普遍性的解释却恰恰缺乏历史的普遍性。换言之，将音乐视作一个纯粹的声音—乐音的系统这样的立场，本身就仅仅是西方音乐发展进入现代阶段的产物。艾特将形而上学史与音乐史相结合的思路固然别开生面，但毕竟最终落入基维所着力批判的"深层再现"的理论窠臼，因为他最终将调性体系视作宇宙秩序的"表现"或"隐喻"："如果把调性体系看做具

---

[1]　休伊特:《修补裂痕》，第 59 页。楷体强调为本文作者所加。

有内在潜能的存在，那么它就是目的论的一个隐喻。这就是说，调性体系既是宇宙本性自身的表现，也是世间万物之中美好事物的表现。"① 在某种意义上说，此种深层再现的立场的解释力甚至还远不及"纯音乐"学派。艾特在其著作的第二部分中对勋伯格的冗长阐释就是明证。对灵知学和神秘主义文本的大段援引反倒是让我们越来越疏离于勋伯格那本来宏大而深刻的音乐世界。将无调性和十二音仅仅当做个体生命的隐喻（绝望的感情生活）或时代状况的再现（传统目的论秩序的丧失导致了无序和迷惘），这些都难以打动用心的听者。

然而，艺术与社会的关系，绝非简单的隐喻或再现，亦决不能仅仅作为某种形而上学体系的注脚。诚如阿多诺在其音乐哲学代表作《新音乐哲学》（*Philosophie der neuen musik*, 1949）中所述，"个体与社会、作品的内在结构与外部条件"之间既非表象、更非从属，而理应是"断裂的关

---

① 布里安·K. 艾特：《从古典主义到现代主义》，第 70 页。结合西方哲学的发展历程，艾特细致缕述了调性体系的诞生如何呼应着从柏拉图的超越之善、经历莱布尼兹的兼容多样性和复杂性的内在目的性、再到黑格尔的理想美的最高综合的运动过程。

联"（fractured relationship）[1]。何为"断裂"？一方面它强调音乐体系的自律性这个起点（"真正的作品展现其真实内容，在一种时间的维度之中，通过它的形式法则，它超越了个体意识的范域"[2]），从而反对一开始就将音乐和社会的关系置于某种总体性的框架之中；另一方面，更为重要的是，音乐的自律并不意味着全然的封闭性，而更是意味着它与外部社会之间存在着动态、开放而多元的关联。阿多诺以"规范"（convention）和"表达"（expression）这双重性的辩证运动来克服卢梭所陷入的自然／文化的二元对立的窠臼。在卢梭看来，所谓历史无非自起源处的不断堕落，音乐亦是如此，越远离它和语言结合在一起的原点，它也就越偏离了自己的生命本源。而根据阿多诺，真相则正相反：音乐的自然和文化这两个方面是在历史的过程中彼此推动、转化乃至融汇的辩证关系。音乐的起源是异质的（heteronomy）[3]，

---

[1]　Max Paddison, "Authenticity and Failure in Adorno's Aesthetics of Music", in *The Cambridge Companion to Adorno*, edited by Tom Huhn, Cambridge University Press, 2004, p.199.

[2]　转引自 *The Cambridge Companion to Adorno*, edited by Tom Huhn, pp.202-203。

[3]　Ibid, p.210.

指向的是"非音乐的"（extramusical）①种种外部
要素——尤其是那些与"姿势"（gestures）（作为
肉体的"表达"）密切相关的戏剧、舞蹈等等。②
此种起源处的异质和多元状态虽然随后逐步被音
乐形式的倾向自律的纯粹化运动（"规范"）所遮
蔽，但它们并非完全消失，而是作为潜在的"残
余"（residual gestures）③仍然隐藏于纯粹音乐的形
式之下④：它是音乐得以向着外部开放，从而保持
"断裂"关联的潜在缺口。正是因此，音乐的趋
向规范化和形式化的运动并不能简单等同于卢梭
所谓的"语言化"倾向。从根本上来说，音乐的
"逻辑"既不同于概念性的逻辑（"判断"），亦不
同于语言的规则（"语法"）⑤，而是一种"无判断
的综合"（judgementless synthesis）："它全然自它

---

① Ibid, p.209.

② 与此形成对照的是，在《起源》的一开始，卢梭就明确将"动
作"与"声音"对立起来，并将语言和音乐的起源最终归于
后者。

③ *The Cambridge Companion to Adorno*, edited by Tom Huhn, p.209.

④ "所谓最纯粹的形式（比如传统的音乐形式），甚至是它们
那些最微小的程式化细节亦可以回溯至像舞蹈这样的内容。"
（Adorno, *Aesthetic Theory*, translated by Robert Hullot-Kentor,
Continuum, 2002, p.5）

⑤ "虽然艺术作品既非概念性的，亦非判断性的，它们仍是有逻
辑的。"（Adorno, *Aesthetic Theory*, p.136）.

的要素的星丛（constellation）之中构成自身，而非对这些要素进行述谓、统摄和包含。"[①] 这也是为何音乐几乎可说是最具矛盾性的艺术形式：它的那种看似极端而纯粹的形式性总是让它不断沦为种种意识形态的附属和傀儡；但它内在的那种不可还原的差异性和异质性又总是蕴藏着"转化"（transfiguring）和"解体"（disintegration）的真正契机。

不过，他仍然以概念思辨为主导（黑格尔的幽灵）的思索和写作方式使得他难以真正揭示此种契机的真正机制及其与人类生存的内在关联。这或许亦是因为，卢梭和阿多诺实际上都忽视了音乐的另一个基本要素，即"节奏"（rhythm）。而与历时性的旋律和共时性的和声相比，节奏似乎更能体现出音乐内在的时间性维度，尤其是差异性维度。在 20 世纪的音乐理论和哲学之中，节奏和时间性之间的关联成为一个核心的主题，而其中的要点即是节奏和节拍（meters）之间的本质差异及关联。借用斯克鲁顿的精辟概括，节拍是对音乐的时间性运动的同质性度量和划分，而

[①] 转引自 Andrew Bowie, "Adorno, Heidegger, and the Meaning of Music", in *The Cambridge Companion to Adorno*, p.257。

节奏则是此种运动本身。① 或借用德勒兹和加塔利的敏锐洞见："差异——而非产生差异的重复——才是节奏性的。"② 简言之，正是在节奏这个充满原初差异的"内在性平面"之上③，方才形成种种节拍的重复模式。诚如爵士乐大师温顿·马萨利斯所言："现实的时间是一个恒量。你的节拍是一种感知。而摇摆的节拍是集体动作。爵士乐队的每个人都尽力创造出一个更灵活并能替代现实时间的节拍。"④ 这不再是一个旋律或调性的统一性空间，而是一个节奏的"星群"，在其中，个体与个体之间最为真实地联结在一起。⑤ 这又何尝不是启蒙的理想？"新文化史"大师丹尼尔·罗什在浩瀚绚烂的《启蒙运动中的法国》中描述"启蒙运动之都"巴黎时曾深情写道："城市本身就是个时光元素的组成体，是由人建构而成的。在城市里，时间镌刻在石头里，空间也因各种经

---

① Roger Scruton, *Understanding Music: Philosophy and Interpretation*, Continuum, 2009, p.59.

② 德勒兹、加塔利：《千高原》，拙译，上海书店 2010 年版，第447 页。

③ 同上书，第446 页。

④ 温顿·马萨利斯、杰夫瑞·C.沃尔德：《这就是爵士：马萨利斯音乐自述》，程水英译，南京大学出版社 2011 年版，第 17 页。

⑤ "有多少人，就有多少组成和声的方式。"（同上书，第 47 页。）

历和活动而形态各异。"① 启蒙的空间，或许正是这样一种音乐性的空间，其中个体之间在多元开放的时空维度中自由互通。若果真如此，那么音乐，以及对音乐的哲学思索，或许会是我们进一步推进未完成的启蒙理想的一个美妙途径。

---

① 丹尼尔·罗什：《启蒙运动中的法国》，杨亚平等译，华东师范大学出版社 2011 年版，第 602 页。托多罗夫在回顾、总结"启蒙的精神"时亦将政治空间的多元性作为一个关键特征（《启蒙的精神》，马利红译，华东师范大学出版社 2012 年版，第152 页）。

琴"声"如"诉"

——声音与聆听作为一种绘画叙事之可能性

我们的主题是绘画与声音。但是，这二者怎可能存在本质性的、值得反思的关联？绘画，难道不正是视觉（"看"）的对象，又如何可能以聆听的方式去切近？

这里需澄清两点。首先，我们所意欲揭示的，并非一般意义上的由物及声或由声寻物，亦非通过更具技术性的手段来实现图像与声音之间的相互转译（比如所谓"着色音乐"[colored music]）或相互诠释（比如交响音诗、音画等）。我们在这里所试图描绘的画"中"之声并非单纯指向其实在、明显或可见的形态，而更是作为一种潜在的绘画叙述的维度，与图像结合在一起，乃至相互渗透、转化，共同生成、展现为水乳交融之画境。

对声与画之间的此种内在关联的探索，实

际上已然成为史上众多经典画作的一个重要主题。但学界对此要点所进行的理论阐释与哲学反思尚显得极为罕见。我们在下文就试图结合图像学、艺术史及艺术哲学方面的理论资源来对这个主题进行尝试性论述,并进而在中国古代莲画的意境之中探寻声—画关联的种种具体的展现形态。

一、从"图像学"(iconology)到"图像本身"(Figure lui-même)

对于绘画之图像,大致存在两种可能的描绘和阐释的进路,不妨称之为"上行"和"下行"。前者在黑格尔的美学体系中达至顶点,而就艺术史的领域而言,则集中体现于(亦深受黑格尔影响的)潘诺夫斯基(Erwin Panofsky)及其所提出的"图像学"体系。

关于潘诺夫斯基图像学的主要内容,学界早已耳熟能详,在此不必赘述。我们更意在由其基本原则进一步引出关于"图像本身"的讨论。他对其图像学的最为集中明确的界定当属《图像学研究:文艺复兴时期艺术的人文主题》一书"导言"。①一般认为，潘诺夫斯基提出其图像学设想的理论初衷，正是意在突破李格尔和沃尔夫林的所谓"形式主义"分析的框架，将"意义"（meaning）和"内容"（content）作为分析的重点和旨归。

　　谈到意义，它本身又可以区分为不同的层次：从最基本的"自然意义"（natural meaning），再到约定俗成的"程式意义"（conventional meaning），直至最高层次的"内在意义或内容"（intrinsic meaning or content），构成了一个明显的"上行"运动，其最终目的正是将具体作品纳入到越来越广大的历史和精神总体之中。自然意义以日常的感知模式为前提，程式意义以艺术史中的"类型"为前提，而至于内在意义，则就是以"某些根本原理"为前提，"这些原理揭示了一个民族、一个时代、一个阶级、一种宗教或哲学信条的基本态度"。②潘诺夫斯基最初将程式意义的

---

① Erwin Panofsky, *Studies in Iconology: Humanistic Themes in the Art of the Renaissance*, Boulder: First Icon edition, 1972, 'Introductory'. 中译本参考《肖像学与圣像——文艺复兴艺术研究导言》，收于 E. 潘诺夫斯基，《视觉艺术的含义》（傅志强译，辽宁人民出版社 1987 年版）第 31—67 页。译文有所修正。下文仅标注中文页码。

② 《视觉艺术的含义》，第 36 页。

研究称作"图像志"（iconography），并从而将内在意义的研究称作"深义图像志"。但后来他做出了重要修正，将内在意义独立出来，将对其的研究称作"图像学"（iconology）。他尤其指出，"图像志"的词根 graphy 指向一种"描述"的立场，而"图像学"的词根 logos 则指向一种"解释"的目的。此种区分的重要性极为明显，因为它亦揭示出所有上行研究的根本特征：它们的最终目的皆在于由对具体作品的"描述"上升至总体性的"解释"框架。"描述"对于上行研究来说虽然亦是基本的起点，但作为一个暂时性的过渡阶段，它最终注定要淡化乃至消释于总体性的解释框架之中。

但正是这个暂时性的、初步的"起点"理应引起我们更多的关注。或者说，我们更愿意（本着笛卡尔在《第一哲学沉思录》中的基本精神）提醒所有那些图像学的研究者们，在不断向着更高原理和范畴的上行—超越的运动之前，是否也应该追问一下，脚下的基石真的已经十分稳固了吗？

就潘诺夫斯基的论述而言，我们更愿意先回到最初起点，去深入揭示所谓"前图像志阶段"的种种难解之谜。就让我们从这初始的第一个案例入手：

　　我在大街上遇到一个熟人，他脱帽向我致意，如果光从形式来看，我所看到的不是别的，只是一个构造外形（configuration）的某些细部变化而已。这些细部变化构成了色彩、线条和体积总样态的一部分（这个样态又构成了我的视觉世界）。我本能地辨认出这构造外形是个对象（一位绅士），这些细部变化是一个动作（脱帽），这时我已经超过了纯形式感知的界限，进入（overstepped）了题材或含义的第一个阶段。[①]

　　显然，上行运动的最初契机正是在这里发生：我们从对纯粹"构造外形"的感知"跃向"（overstep）对于"意义"的最初把握。而这也就意味着，即便就这里所描述的最为基本的视觉经验来说，对"形"与"象"的种种基本要素（"色彩、线条和体积"）的感知也随即就要转化为对具体"对象"及其动作的"辨识"（recognition）。但此种日常感知的基本模式（从感知到辨识）亦足以成为艺术创作所需秉承的基本范式？换言之，艺术的目的是单纯再现感知的模式，还是通过揭

---

① 《视觉艺术的含义》，第 31—32 页。

示"别样"感知的可能来通向更为深层的感性运动（身—感—物之交融）？梅洛－庞蒂在《知觉现象学》的导言中曾指出，真正的现象学反思意在松开（distend）我们与世界之间的意向性联结、从而展现出世界本身的"陌异"[①]（étrange et paradoxal）之态。这里，他显然也已经暗示着感知的别样维度。

因此，在进行图像学式的上行跳跃之前，我们或许更应该进行一种逆向的下行工作。借用梅洛－庞蒂的论述，我们意在"松开"那些已然被种种意义模式"拉紧"了的感知途径，从而能真正回归原初的"视觉世界"。这些原初的"形""象"要素及其关联并非（如潘诺夫斯基所言）纯粹"形式"（formal），相反，它们本身已然蕴藏着丰富的意义，只不过这些意义并不能被纳入任何既定的图像学的意义范畴之中。

出此释放出来的正是德勒兹在《感觉的逻辑》中所集中阐释的"图像本身"。图像并非仅仅是通向更高意义模式之媒介，而更是蕴含、生成意义之"事件"（l'événement）。图像作为真正

---

① Merleau Ponty, *Phénoménologie de la perception*, Gallimard, 1945, AVANT-PROPOS, viii.

的绘画事件，也正是德勒兹全书的一个核心命
题。"Figure"一词出现于全书的首句，并以强调
形式出现，自然有所用意。[①] 因为 Figure 本身就
兼有外形、人物、图像等多重含义，而培根画作
中又经常以人物的形象为中心，这自然让读者从
"具象性"（figuratif）的角度来对其进行理解。但
德勒兹强调，一开始就应该将图像本身"孤立"
（isoler）出来。但孤立并非仅是一种实在性的操
作（划分、隔离等），而更是要求"松开"图像
与种种高阶的意义模式之间的紧密联结："是为了
驱赶走图像中的'具象性''图解性'和'叙述
性'，而假如图像不是被孤立出来，就必然具备这
些特性。"[②] 显然，这里所说的具象性（指向具体
的"对象"）、图解性（说明一个道理）、叙述性
（讲述一个故事）等等，皆对应着不同层次与方面
的意义模式。因而，对 Figure 进行"孤立"之操
作，正意味着一开始就理应"清除"种种先在的
"解释"框架，回归图像本身："孤立是最简单的

---

① Gilles Deleuze, *Logique de la sensation*, Paris: Éditions du Seuil,
　2002, p. 11. 中译本参考《弗朗西斯·培根:感觉的逻辑》，董强译，
　广西师大出版社 2011 年版。下文仅标注中文页码。

② 《感觉的逻辑》，第 6 页。根据我们的需要，暂将 Figure 统一译
　作"图像"。

手法，是必需的，虽然并不够，其目的是与表现决裂、打破叙述、阻碍图解性的出现，从而解放图像：只坚持绘画事实。"[1]

而培根的创作带给我们的启示就是，还原到纯粹状态（"更加直接，更加感性"[2]）的图像本身不再是一种单纯"事实"（fait），而是发生的"事件"[3]："假如说，绘画没有任何东西可以叙述，没有故事可以讲述，那么，毕竟还是发生了什么，这发生了的什么决定了绘画的运转。"[4] 当然，不同的绘画作品中发生的事件不尽相同，但德勒兹对培根画作中的图像—事件的精彩阐释仍揭示出一个共通点，即"变形"（déformation）的运动。变形，首先意味着图像本身的构造外形（configuration）的变化。但此种变化同样可以具有两个互逆的方向：它既可以趋于上行的"辨识"模式，亦可以敞开下行的"陌异"形态。培根画作中的肉体图像可以说是后一个趋势的极为戏剧性的体现。我们根本无从辨识这些肉体的类属（人还是动物？）、性别（男性还是女性？）或

---

① 《感觉的逻辑》，第 7 页。

② 《感觉的逻辑》，第 16 页。

③ "是事件的问题"，《感觉的逻辑》，第 20 页。

④ 《感觉的逻辑》，第 17 页。

状态（躺下还是站立？），因为它们不断瓦解着既定的空间层次和结构，穿越着彼此间的既定边界和轮廓，从而最终不断突破图像本身的种种被限定（déterminé）的状态。德勒兹将其称作"田径运动"（L'athlétisme），真是非常贴切。当然，此种戏剧性本也可以不必表现得如此惊心动魄，翻江倒海。在中国莲画的静谧空间中，我们将体味到另一种图像 – 事件的戏剧性氛围。

二、从福西永到康定斯基：声音作为"图像本身"之变形动力

当代艺术史大师福西永（Focillon）亦曾在其代表作《形式的生命》中对图像自身的"变形"之事件进行了颇为诗意的透彻阐发。抛开思想背景的差异，他与德勒兹在这一要点上确有诸多明显的相似性。比如，针对种种上行的解释模式，他明确强调回归图像自身的必要性："形式只表示其自身的意蕴。"[①] 由此，"孤立""隔离"的操作

①《形式的生命》，陈平译，北京大学出版社 2011 年版，第 26 页。同样，如英译者所注意到的，福西永与图像学之间的明显差异自然是理解其形式生命概念的一个基本出发点：针对图像学的"解释"立场，他则针锋相对地指出，"阐释之花没有起到美化作用，而是将它遮蔽了。"（《形式的生命》，第 37 页。）

亦是关键步骤："要对一件艺术作品进行研究，我们就必须将它暂时隔离起来，然后才有机会学会观看它。"① 但他与纯粹的"形式主义"立场又有鲜明差别，因为他更为强调形式本身的运动和"变型"（metamorphosis）："这些形式构成了一种存在的秩序，是能动的，具有生命气息。造型艺术的形式服从于变形的基本原理，通过变型，它们不断更新，直到永远……"② 正是由此，我们不应仅仅满足于对形式进行分类，对其演变阶段与过程进行历史性的描绘和分析，而更应该把握其作为事件的本性："不是平稳地插入年表，而是瞬间的突然出现。因此，我们应该给时代的概念加上事件的概念。"③

　　当然，仅仅做出这些普泛的概述是不够的。基于其深厚的艺术史功底，福西永对形式的种种变型机制（"动力结构[dynamic organizaition]"④）进

---

① 《形式的生命》，第38页。楷体所表示的强调为原文所有。

② 《形式的生命》，第18页。为了与德勒兹的"变形"（déformation）概念有所区分，我们将这里的"metamorphosis"译作"变型"。二者内涵虽然相通，但仍有侧重点之不同：变形突出差异的特征，而变型则更为突出演化过程中的关键阶段和环节。

③ 《形式的生命》，第139页。

④ 《形式的生命》，第23页。

行了广征博引和深刻阐发。具体细节无法在这里全面展开，但其中对"纹样"的分析尤其具有启示性。选取纹样，或许基于几个显见的缘由：首先，纹样是简单的，源始的，因而颇能揭示形式萌生和运动的初始形态；其次，纹样又是纯粹的，因而似乎最能彻底摆脱种种具象、图解或叙述的意义框架。纹样之变型空间确是图像之变形运动的诗意展现："交织纹样的空间既不是扁平的，又不是静止不动的。……这种变型不是以明显的阶段为标志，而是体现于曲线、螺旋线和盘绕根茎的复杂而连续的展开之中。"[1] 颇为近似德勒兹与瓜塔里在《千高原》中所描绘的"平滑空间"，纹样的变型运动同样展现出多元、多变、流动、异质的开放样态。[2] 这里启示出下文论述的一个关键要点。

我们在这里意识到，无论是培根的肉体—图像，还是原初的纹样空间，显然都敞开着异质性的向度。换言之，它们都并非单纯的视觉之物。《感觉的逻辑》以"眼与手"这一章作结，从而提出"触觉"（haptique）作为视觉空间的异质性向

---

[1]　《形式的生命》，第78页。

[2]　这里也同样出现了"根茎"这个《千高原》中的核心意象。

度；同样，《形式的生命》亦专辟一节奉上"手的礼赞"，同样突出触觉的基础地位："认识世界需要有一种触觉的天分，而视觉只从这世界表面滑过。"① 实际上，对于视觉和触觉之间的内在关联，已然是艺术理论和艺术哲学中的一个热点主题（如梅洛－庞蒂、伯纳德·贝伦森等），但对于听觉与视觉之间的可能联系，却始终为人所忽视。② 即便有克洛代尔（Paul Claudel）的妙语"眼睛倾听"（L'Oeil écoute），亦似乎未能唤起多少理论的关注。

然而，当我们回归现代艺术的更早发源地，却发现听与看、声音与图像的联姻早已成为艺术大师的重要灵感。对此要点最为深刻隽永的论述来自康定斯基的重要论著《点·线·面》。从某种意义上说，康定斯基的论述似与福西永形成了一种跨越年代的共振：实际上，如果我们要真正探寻图像－形式的变化机制，就必须回溯到更为源始的开端。最为源始而基本的形式要素正是"点"。康定斯基对点的运动生命的诗意描绘直接

---

① 《形式的生命》，第 148 页。

② 在当代，似乎仅有法国现象学神学家克里田（Jean-Louis Chrétien）以聆听为视角来探入画境。参见其代表作 Corps à corps : à l'écoute de l'œuvre d'art。

启示出声音与聆听这一潜在界域，值得仔细玩味。

他首先指出，即便是如点这样看似单纯而纯粹的形式要素，在日常生活中亦已经充满着各种各样可"辨识"的意义模式："从外表上看，它在这里只不过是一个具有实际用途，使其自身带有'实用目的'因素的标记（sign）。"[①] 比如，点可以是一个句点，可以是地图上的一个地点，可以是表皮上的一个斑点，亦可以是笔与画布接触的第一个痕迹，等等。而与德勒兹与福西永一致，康定斯基一开始就注定要将点从此种"符号""标记"的图像学角色之中解放出来："如果我们逐渐使点从它通常活动的狭窄范围中分离出来，那么……死的点变成了活的生命。"[②]

那么，点是如何展现其生命运动的呢？通常总是将点与线紧密联系在一起，将点作为通向线的初始运动阶段。而面对单独一个点，它具有怎样的运动可能，我们确实茫然无措。正是在这里，康定斯基所引入的声音隐喻带给我们极为

---

① 《康定斯基论点线面》，罗世平、魏大海、辛丽译，中国人民大学出版社 2003 年版，第 10 页。英译本参考 *Kandinsky: Complete Writings on Art*, edited by Kenneth C. Lindsay and Peter Vergo, Cambridge, Massachusetts: Da Capo Press, 1994. 下文仅标注中文版页码。

② 《康定斯基论点线面》，第 11 页。

深刻的启示。[①] 首先，点要运动，那它就不能如
日常情境之中那样被限定于"记号"的角色或处
于"收敛"的状态，相反，它一定要拓展、发散
（向心－离心的双重运动 [②]）。但点的运动并非仅
仅只有线这一个趋向的目的，它与面、与空间亦
可以有着本质的关联："点需要一块环绕它的更大
空白（empty space），因此，它的声音能产生共鸣
（resonate）。……倘若点本身，以及点周围的空白
逐渐加大，这种书写文字的声音就会变弱，而点
的声音就会变得清晰而明亮。"[③] 显然，要想将点
真正"孤立"出来，必须不断清除它被限定于其
中的那种种解释性的意义背景，从而留出、敞开
最大限度的"空白"。实际上，这样的"孤立"反
而将点的生命运动的能量释放到最大。对于这一
要点，似乎唯有从声音现象的角度方可进行理解。

---

①　我们接下去会看到，声音绝非仅仅是视觉图像运动机制的隐喻
（比拟），相反，它才是图像运动的真正本体机制。康定斯基对
声音的迷恋是极为引人注目的方面，他于 1912 年曾发表图文并
茂的册集《声音》（*Klänge*），美轮美奂（见 *Kandinsky: Complete
Writings on Art*, pp. 291-340）。虽然其中主导的仍然是图像和语
言叙事，但声音作为其共鸣之氛围，却构成了全书实际的韵律
脉络。

②　《康定斯基论点线面》，第 16 页。

③　《康定斯基论点线面》，第 11—12 页。

一个单一的声源是微弱的，单薄的，但若将它置于一个巨大、开敞且回响良好的空间之内，它所产生的回响、衍射和融合效应会充满整个空间。康定斯基亦有极为诗意的描述："短促、响亮的和声萦绕回荡，如同通向独特形式分崩离析的桥梁，它的回声消失在建筑周围的虚空中。"[①] 正是此种弥散、散射的效应不断逾越、瓦解着视觉空间的秩序与边界，将图像本身维系于一种持续的流动变异的样态之中："在这种情形中，目的是隐蔽绝对声音：强调形的分散性，不确定性，不稳定性，主动的（或可能是被动的）运动，明灭不变的张力，非自然的抽象，内在重叠的机遇（点的内在音响和面的会聚 [converge]、重叠 [overlap] 与回复 [rebound] 的内在音响）。"[②] 所谓"绝对声音"，即是有着明确空间形态或音源定位的声音（即被限定于种种意义模式中的声音），而康定斯基所强调的点之"内在声响"恰恰从此种被限定的框架之中挣脱出来，与周围的环境之间形成了最为复杂而开放的关联。在这里，声音与聆听成为真正推动图像运动的平滑空间。

---

① 《康定斯基论点线面》，第 24 页。

② 《康定斯基论点线面》，第 14 页。

此外，也唯有从声音的角度，方可理解形式生命的另一个重要效应，即情感体验。在图像志和图像学的意义上，我们很容易"解释"一幅画作所展现出的动人情感，因为它其中所蕴藏着的种种自然的、程式的乃至精神的意义模式都已经预先期待着观者做出相应的情感反应（比如，中国文人就极易对修竹、寒梅这一类经典图像产生情感共鸣）。而一旦我们将图像还原到孤立的纯粹状态，还会产生这些丰富的情感体验吗？很多人会质疑这一点。比如很多观者或评论家都会抱怨康定斯基式的抽象艺术缺乏情感，显得冰冷而陌生。但康定斯基自己所引入的声音隐喻却对纯形式的情感力量给出了恰切说明。诚如著名声音哲学家希翁（Michel Chion）所言，"声音经常激起人们巨大的情感反应。这是听觉自有的现象，视觉中找不到对等的特征。"① 由此，图像自身的变形运动虽然清除了种种预期的情感意义，但却往往得以经由声音这一潜在的界域激发起更为浓烈而丰富的情感氛围。

然而，值得注意的是，真正实现了声—画合一的经典作品往往并不以强烈的情感作用为诉求。

---

① 《声音》，张艾弓译，北京大学出版社2013年版，第73页。

这正是因为，作为我们生存的基本环境要素，声音总是以"幽微"（imperceptible）的方式作用于我们的身心。创造氛围（或环境）音乐（ambient music）的当代著名电子音乐家 Brian Eno 就如此描绘此种情感氛围："一种氛围被界定为一种气氛（atmosphere）或一种环绕的作用：一种色调（tint）。"[①] 包围、渗透着我们的身心的声音环境，它总是以隐约、细微、润物无声的方式对我们的情感体验产生着最为持续的影响，恰似海浪或空气，慢慢"渲染"（tint）着我们周围的整个环境。由此亦可理解，与此种声音氛围相适配的图像运动往往亦不以剧烈的形态出现，而同样展现出聆听般的宁谧氛围。

三、聆听之"诗意"：古代绘画中的声音叙事

回归国画研究的领域，同样可以发现上行和下行这两个互逆的方向。

高居翰在赖世和讲座的讲稿《诗之旅》中指

---

① 转引自 David Toop, *Ocean of Sound*, London: Serpent's Tail, 2001, p. 9。

出，宋代之后的文人画创作越来越趋向于图像学意义上的上行路线，在其中，"程式的意义"（笔法、构图等等 ①）和更高的"内在意义"（神韵、意趣等等）基本上占据了主导性的地位："在其（米友仁）画中，云、屋、树等真实的物象事实上是一种图像符号，……在文人画中，这类政治和人文因素的考量成为作品的主要内涵。" ② 而与此主流的上行趋势相背，在宋代院画乃至随后晚明的苏州画家那里，他探寻到另一种被忽视的传统，即所谓"诗意画"。

诗意画追求的是诗的意境，而并非单纯与诗之间的对应或互释的关系。此种诗意的一个鲜明特征就是，它更为切近真实场景的感性体悟："这类绘画的效果像一首诗，似乎在记录原始的视觉体验。" ③ 试图在强大的图像学传统之下重新揭示和挖掘中国绘画之中种种源始的"视觉体验"，这向来是高居翰研究的要点，亦明显呼应着我们在本文所秉承的回归图像本身的视觉世界的探索方

① "士大夫业余画家的创作以笔墨为主，是一种程式化的艺术。"（高居翰，《诗之旅：中国与日本的诗意绘画》，洪再新、高士明、高昕丹译，三联书店 2012 年版，第 8 页）

② 《诗之旅》，第 9 页。由是高居翰尤其将文人画的创作特征与布列逊式的符号学研究联系在一起（《诗之旅》，第 106 页）。

③ 《诗之旅》，第 106 页。

向。他所细致辨析的诗意画的一些基本特征更
突出了此种相似性。比如，诗意画更切近"实
景""真境"，或"见前境界"①，更着重于对那些
基本的视觉活动和空间要素进行真实描绘，"来
表现空间、气氛、光亮以及物象表面的细微和转
瞬即逝的效果"②。既然没有可资借鉴的种种先在
的意义模式，那么画家势必要令自己沉浸于真实
场景的具体时空之中，去探寻、捕捉其中变幻莫
测的感性意味。换言之，诗意画更关注营造"事
件"，而非单纯复现"事实"。这也就使得它的构
图与主流山水画的宏大布景（"凡经营下笔，必合
天地"［郭熙《林泉高致》］）形成鲜明对照。它
不再追求以"咫尺之图，写千里之景"（王维《山
水诀》），而恰恰是以局部的时空片段为主要表现
对象。③ 因为尺幅之"小"，所以它的画面往往不
适合充塞，而更为适宜用"简约"的手法来表现，

----

① 《诗之旅》，第 78 页。钱钟书先生曾明确指出，古代评鉴诗与
　 画的标准不同，诗重"实"，画重"虚"（《七缀集》，三联书店
　 2002 年版，第 23 页）。这样看来，以"实景"为重的"诗意画"
　 确实名副其实，亦确实与古代的主流的"画"之传统之间存在
　 着明显差异。

② 《诗之旅》，第 47 页。

③ 钱钟书先生亦曾结合莱辛和黑格尔的相关论述讨论了中国画中
　 此种"富于包孕的片刻"（《七缀集》，第 52 页）。

这亦颇为契合"图像"-"事件"回归到简单、纯粹之构形来表达原初视觉体验的基本特征。但在看似简约的构图之中（比如梁楷、盛茂烨等人的小品），却营造出萦回的、缠绵不已的"情感"氛围，这又是诗意画的一个重要特征。[①]

但尚需探问，此中的诗意之情到底源自何处？高居翰的解释是，诗意的场景讲述着一个个真实的故事（"诗之旅"），这些故事与图像学意义上的典型的"叙事"模式不同，充满着"身临其境"的意趣（比如"鸟宿池边树，僧敲月下门"），从而"把观众吸引到暗示的、不确定的和未完成的叙述中"[②]，由此产生出独特的、神秘的"悬念"[③]。但他最终对此种诗意的解释却多少仍落入了图像学窠臼之中，即将其归结为文人士大夫典型的"隐逸"理想：在疲惫纷扰的官宦生涯和都市生活之中，以艺术的途径觅得一线超脱的机缘。[④] 这显然并不是一个有效的解释途径。看来还需从别处入手再行探问。

---

① "戏剧性要素，使这简单的构图避免了可能出现的乏味感；紧凑、浓缩的形象"（《诗之旅》，第17页）。

② 《诗之旅》，第56页。

③ 《诗之旅》，第36页。

④ 其实这更可以归结为自宗炳《画山水序》中肇始的"卧游"的传统。

　　既然名曰"诗意画"，必然涉及"诗"与"画"之间的某种关系。即便众多学者都曾指出诗与画之间的不对称性（高居翰"逆向而行，忘掉题句，而让绘画自己说话"[1]，钱钟书《中国诗与中国画》《读〈拉奥孔〉》），但不可否认，在古代评论传统中，诗与画之相"通"向来是一个明确的原则。那么，此种"通"之根源又何在？首先，"通"当然不是"同"或简单的相互对应、转译。同样，通也不等于相互"补充"（"画难画之景，以诗凑成；吟难吟之诗，以画补足。"[吴龙翰]）[2]。真正的相"通"之处，理应是诗画所共同指向、敞开的那个本原的意境。

　　那又如何切近这个共通之意境？声仍然是一个重要线索。诸多将诗画相互比照的古代论述皆明示这一要点。比如"'画'以'有声'著，'诗'以'无声'名"，"终朝诵公有声画，却来看此无声诗"[3]，"断肠声里无形影，画出无声亦断肠"（黄庭坚），等等，不一而足。虽然这些论述中"声"的内涵含混而复杂，但至少点出了诗画之间一个可能的相通环节。实际上，在高居翰

---

① 《诗之旅》，第 34 页。

② 转引自《七缀集》，第 6 页。

③ 皆引自《七缀集》，第 5—6 页。

对诗意画的诠释之中，很多地方都是以声音或聆听为基本的暗示线索，比如："在两个相互看不见、只能通过声音来沟通的形象之间，有很微妙的关系"①，"避免直白地去描绘一处景观或声源，以吸引其漫步者的注意：行吟诗人非常简明地成为画面的焦点，身边的洞穴传来声响，凸显但又神秘消失的悬崖压在他的头顶上"（梁楷《泽畔行吟》）②，"围墙、寺院、树木、佛塔，甚至月光，这些物象可以被解释为'敲'的回音"（盛茂烨）③，"砍柴声和着溪水的流淌声与鹿蹄的橐橐"（芜村《寒林孤鹿图》）④，等等。

这里，我们有必要将这个高居翰并未真正贯穿下去的声的线索进一步加以引申。

朱良志曾以聆听为线索，来品读文徵明优美深邃的诗画相通之境（"处竹为清夫，虚斋坐深寂。凉声送清美，杂佩摇天风"）⑤。他随后援引庄子的"聆听三境"（"无听之以耳而听之以心，无听之以心而听之以气"）来诠释物我两忘、心境合

---

① 《诗之旅》，第 34 页。

② 《诗之旅》，第 51 页。

③ 《诗之旅》，第 88 页。

④ 《诗之旅》，第 134 页。

⑤ 朱良志，《南画十六观》，北京大学出版社 2013 年版。第五观，第一节"听玉"。

一的终极聆听境界。但在上升至此终极境界之先，尚需细致"描述"声与画在这里究竟怎样相互关联契合。除了竹、风、水这些环境要素之外，真正展现此处"深寂"的声境—画境的，正是在虚斋之中回绕、蔓延的琴音之氛围。

实际上，琴音向来是营造古代聆听意境的基本媒介。对于画家来说亦是如此。比如在现存最早的画论专著宗炳的《画山水序》中，琴与画之间的联姻已然清晰显现："于是闲居理气，拂觞鸣琴。披图幽对，坐究四荒。"

然而，我们所要描绘的，并不是作为物件、乐器，进而作为文化象征的琴（"琴，中国文人生活的象征，它的存在增强了书斋的气氛"[1]）；我们所要聆听的，也并非仅仅是以音乐作品形态出现的琴音。我们所要真正领悟的，是曼妙的琴音及其种种声音形态所展现的幽邃聆听意境。聆听之境，向来是历代古琴论述中的一个核心要点。下面我们不妨根据希翁在其代表作《声音》中概括的声音场域的三个基本形态（声场，物质化，凹陷—悬停）对琴音之境进行简要描述。

---

① 高罗佩，《琴道》，宋慧文、孔维锋、王建欣译，中西书局 2013 年版，第 17 页。

首先，是古琴之声场（superfield）。"声场"揭示的是声音的蔓延不断拓展、逾越有限的空间场域的运动。德勒兹曾在《电影 2》中进一步区分了声场的两种形态："可实现的"（actualisable，或"邻在"[l'à-côté]）和"潜在的"（virtuel，或"另在"[l'ailleur]）[①]。"邻在"描述的是声音与空间之间实在的、物理的关系。关于弹琴、听琴之种种不同环境，在古代琴学之中向来是一个极为重要而丰富的论述主题（尤见［清］屠隆《考槃馀事》）。"另在"所展现的则是琴音逾越物理空间的限定而进一步展现的无限的聆听意境。比如，在（传）明人冷谦所做的《琴声十六法》中，"高"与"清"尤其能体现琴声之另在的无限韵致。就"高"而言，"故其为宁谧也，若深渊之不可测，若乔岳之不可望。其为流逝也，若江河之欲无尽，若三籁之欲无声"。这里，"宁谧"之"深"与"流逝"之"远"显然皆已超越了实在的界域，而展现出无限的意味："盖音至于远，境入希夷，非知音未易知，而中独有悠悠不已之志。"（［明］徐

---

① 吉尔·德勒兹，《电影 2：时间—影像》，谢强、蔡若明、马月译，湖南美术出版社 2004 年版，第 373 页。同时参考法文版：Gilles Deleuze, *Cinéma II: L'image-temps*, Paris: Les Éditions de Minuit, 1985. 下文仅标注中文版页码。

上瀛，《溪山琴况》）。这尤其与中国绘画中终极的平远境界相互贯通。

其次，是琴音之物质化（matérialiser）。如希翁所说，物质化即强调回归声音的物质本性与聆听的肉身基础。它更为突出声音的细部纹理，并尤其以声音为媒介，实现肉体与环境之间的血脉相通。它将聆听带入真实的"诗意"情境，以此与录音室或剧场中所精细雕琢的"理想声音"形成鲜明对照。由琴音所实现的人身、琴身、乃至"世界之肉身"（Chair du monde［梅洛－庞蒂］）之交响共鸣，在古琴演奏的极为复杂的指法之中得以戏剧性展现。其中最突出的无疑是"吟"和"猱"的颤音演奏法。尤其是那十多种细微分化的"吟"法，已经将手的运动和琴弦的物理振动之间贴紧到皮肤的层次，"比较特别的是'定吟'，手指的振动幅度非常小，以至于几乎感觉不到。……让指尖血流的脉搏影响音色作轻微的变化。"[1]《溪山琴况》中说得更妙："音有细纱处，乃在节奏间。始而起调先应和缓，转而游衍渐欲入微，妙在丝毫之际，意存幽邃之中。指既缜密，音若茧抽，令人可会而不可即，此指下之细也。"

---

[1] 《琴道》，第127页。

四、琴韵墨章：声—画交融的"诗意"之境

选择水墨莲花的题材，自然与我们前面的论述相呼应。首先，着重"小景""写实"的花鸟画与前文所述的诗意画的种种特征（真实场景、原初视觉世界、细节、事件、戏剧性等等）皆颇为吻合。其次，对花是鼓琴的一个典型情境。但与梅、竹这些环境要素相比，莲花与琴声之间似乎形成着更为内在的联系："或对轩窗、池沼，荷香扑人。"（《考槃馀事》）在古典审美意境中，荷香，琴韵，墨章，往往是相互关联之"象"。"朱弦抽玉琴，锦带结同心"，石涛这两句咏荷佳句亦是生动描摹。那就让我们深入思索二者之间的种种因缘。

在分析之伊始，仍然应遵循一开始即强调的下行路线。关于荷花的种种图像学意义，无论是程式意义（各家莲画笔法），还是内在意义（精神的、道德的、政治的种种象征内涵），都早已从各个角度被反复挖掘。而我们所要做的，正是回归原初的视觉世界，直面荷花作为图像本身之变形运动，进而探寻其与聆听相通的诗意之境。

首先，荷花与琴音最为契合的一点正在于二

者都是"情境之物"。前文已然提及琴音与环境之间的邻在与另在的关联。莲花亦是如此。虽然单株莲花已颇有可赏玩之处，但真正要赏荷乃至画荷，仍需进一步将其置于恰切的环境之中，去慢慢品味那弥漫洇开的氛围。这里自然涉及工笔和水墨写意这两种画法的区别。工笔着重捕捉"实"之形与态，水墨重在铺陈意境，这自不待言。但二者又非截然分化。"形"没有"散"的氛围则僵固，而"境"若没有"实"的刻画则容易流于空洞虚渺。对单株、单朵荷花的写实描绘，多见于宋代。其中代表作当属南宋吴炳的《出水芙蓉图》[①]，其中充满着"小景"所特有的丰富的视觉要素，每一个细节都得到极为精准、细致入微的写实性描绘：荷叶上的脉络，花瓣颜色的浓淡层次，柔美花叶的曲折轮廓，乃至花房中的那一丝丝纤弱的花蕊全都被精致刻画。全画空间层次清晰，实体造型感尤其突出。但如此出色的一幅荷画，却让观者除了精准的"实态"之外，感觉不到多少弥漫的余韵。所有一切都被明确限定于清晰的轮廓和空间架构之中。像是一帧特写的照片，将瞬间凝固，却更无拓展的意味。由此可

---

① 赵秀勋，《新编莲荷谱》，人民美术出版社 2012 年版，第 36 页。

对比笔法构图皆极为相似的另一幅佚名的《荷花图页》①。虽然其中的荷花形态同样显得静态和限定，但背后衬托着的随风飘动的纤纤水草却无形中平添了画面空间的流动感觉，令凝滞的氛围顿时间鲜活起来。另一幅佚名的《太液荷风图》亦如此②，精致、精确的细节在一个更为广阔的环境（翩飞的燕子和悠然游动的水禽）之中展现出生动的氛围。或许正是由此，后世的莲画越来越着重于此种情境特征。当然，画史上亦有将莲花从环境中脱离出来的偶然例证（如明代陈栝的《平安瑞莲图》，郎世宁的《聚瑞图》），但这些作品大多并不成功，亦从反面印证了莲花的情境本性。

不过，以上所描绘的仍然是莲花与环境之间实在的、"邻在的"关联。从琴音与聆听的角度，我们方得以真正敞开那种"另在"的延展界域。

在历代文献所描摹的种种琴音声境之中，最为切近荷塘画境的似乎正是"轻"而"清"的泛音。③ 首先，从表象上来说，荷花之美总是"轻"

———————
① 《新编莲荷谱》，第 38 页。

② 《新编莲荷谱》，第 37 页。

③ 《诚一堂琴谱》中将琴音进一步归纳为散音、按音和泛音三种，其中"泛音脆美轻清，如蜂蝶之采花，蜻蜓之点水也"。

而淡雅的。即便在日常生活中，色泽鲜艳的莲花并不罕见，但在莲画之中，唯有轻、淡方能更好地令花与境交融，共鸣。可以比较恽冰和吴振武两幅从造型和构图上极为相似的荷画[1]。恽冰显然在意境上胜出，而关键正是一个"淡"字。对比之下，吴画中过于浓重的花色，既限定了花的造型，又多少使得它们脱离于整幅画的情境之外，单独成为视线的焦点。

同样，就琴音而言，"轻"的意境亦需要更高的艺术造诣方可达成。冷谦《琴声十六法》中，"轻"列于首位，"盖音之轻处最难，力有未到则浮而不实，晦而不明，虽轻亦不嘉。惟轻之中，不爽清实，而一丝一忽，指到音绽，幽趣无限。"高罗佩先生将"轻"译作"light touch"，绝妙。轻绝非脱离任何"重"之基础的"浮"，而更是意在"实"中敞开"幽"之深度。所以轻必然要有实与重的寄托。借用希翁的说法，轻之音更能彰显琴音之"物质化"。手指轻触琴弦，发出绵绵不绝的琴声。但这声音虽然呈现出漂浮于空间中的虚幻之感，但同时亦更强烈突显出声源之处的质感和实在意味，《溪山琴况》中说"妙在用力不

---

[1] 《新编莲荷谱》，第 59，60 页。

觉",正是此意。

画境亦是如此。南朝沈约的名作《咏芙蓉》颇能抒写其中诗意:

> 微风摇紫叶,轻露拂朱房。
>
> 中池所以绿,待我泛红光。

初看起来,这里的图景是色彩斑斓的,有"紫叶""朱房",还有墨绿的池水,满溢的"红光",不说姹紫嫣红,至少也算得上浓墨重彩了。如何避"重"就"轻",自然成了诗境的关键。因而需有"微风"和"轻露"的点缀。但单说这二者,似乎又显得过于"轻飘",乃至"轻浮"了,由此还须有"摇""拂"这样的"light touch"之力度。而除了南田,还有谁更能深得此中诗境之奥秘?且看他的这幅《荷花芦草图》,前景的枯叶和背后的荷花,一浓一淡,一重一轻,一实一虚,巧夺天工,浑然天成。尤其是荷花的造型,可以说"浅""淡"到极致,几乎隐没到背景空间里去,但在枯叶的衬托之下,并未全然失却"重"之"触感",反而平添了画面上隐约的、无限的深度。这,难道不正是"幽"之至境?

由"幽",则自然引出声境—画境的另一重意

味，即"深"与"远"（"高"）。要想使"轻"不
蜕变为"浮"，则必须营造"幽"之深度。这在咏
莲诗意之中亦比比皆是。"荷香风送远，莲影向根
生"（萧绎《赋得涉江采芙蓉》[1]），堪称描摹莲花
幽、远之境的千古佳句。首句描绘满溢的香气随
风飘远，恰似悠扬清越的琴声，又如脉脉的焚香
般在宁寂的空间弥散，既拓展出空间的"实"的
界域，又展现出声境无限融合的趋"远"运动。
后一句则写"深"。怎样才能达致"深"？单纯隐
没不显（不可见）未必就深，相反，真正的深正
如《琴声十六法》中的描绘，应该是"不可测"，
正如诗意画中那种开放的、不确定的氛围。似浅
实深，深不可测，当是此中真义。我们平日所见
通常皆是盛开的荷花和铺满水面的荷叶，而其根
茎则隐没于水下，并不可见。萧绎此诗初看意在
突出这个不可见的深度，但单纯描摹于清澈的水
底看到莲根，自然毫无韵味，反倒显得"浅"了
（清澈的池水，一览无"余"）。由此要有"影"的
介入。影，既是倒影（与"形"对应），但又是隐
约晦暗之物（与"实"相对应），它指向着水底的

---

[1] 萧绎自己就是出色的画家，至少是出色的画论家，曾著有《山
水松石格》一书。

深处，但又在遮蔽的作用下平添了那种"幽暗"的面貌。"生"更绝妙，此种向着隐约深处的运动恰好呼应着微风吹送香气的趋远运动。二者珠联璧合，美不胜收。对比之下，王昌龄的"乱入池中看不见，闻歌始觉有人来（《采莲曲二首》之二）"明显落于俗手。

　　在莲画之中，能真正达至此种幽、深、远之"高"境的寥寥无几。这首先要求极为高超的笔法和构图技巧。在这个方面，很多人想必会推崇徐渭或八大的作品。尤其是八大的水墨莲花，最擅长以墨色的浓淡层次和自由播撒营造出多变、不稳定而又多向度的空间形态。但仅就图像本身来说，它的实感薄弱，更偏向于图像符号的表达和笔墨程式的游戏，却也是不争的事实。倒是在往往并不刻意求奇的冬心老人的莲画中，我们发现了所谓诗意画的极致。其中既有奥妙的画境，又有高居翰所强调的那种不确定的、充满神秘韵味的故事性。初看起来，金农莲画的最典型笔法即是"形"之实态的彻底消融，花、叶、茎皆以朦胧隐约之"影"的形态呈现（颇有几分"水晶宫殿锁西施"［赵鼎臣］的朦胧之美），进而与环境（水，气，光，风……）更为紧密地融合在一起。

这种淡淡的交响，恰似琴音中的"清"之境界。[①]而这幅《荷塘忆旧图》则更有一番韵味。[②]与别作相比，这里的着墨更加浅淡，枝与茎皆隐没不显，荷叶则彼此渗透交融，远方至为浅淡处几乎与水色相合。花形则更为淡化，几乎仅留存为零星的墨点。如此简约的构图，反而烘托出一股浓浓之深情。面对一望无际的荷塘，默坐的画家陷入了回忆和沉思：

> 荷花开了，银塘悄悄。
>
> 新凉早，碧翅蜻蜓多少？
>
> 六六水窗通，扇底微风。
>
> 记得那人同坐，纤手剥莲蓬。

　　一片寂静（"悄悄"）之中，尚有微风吹拂。那种挥之不去的、怅惘的回忆，恰与眼前淡淡的、朦胧的荷塘画境水乳交融。此情，此景，此境，让人沉迷。

---

① "清者音之主宰。……试一听之则澄然秋潭，皎然月洁，清然山涛，幽然谷应。真令人心骨俱冷，体气欲仙。"（《琴声十六法》）

② 陈相锋，《中国画技法图典·荷花篇》，湖北美术出版社 2014年版，第 56 页。

尾声：悬停，终极的静默

无论是"轻""幽"，还是"清"，琴音的至高境界唯有"静"。然而，暂且搁置那些关于虚静的种种本体论玄想和思辨（"大音希声"），难道"静"不就是声之中止乃至终止？

固然，琴史上往往流传着种种"无声"的美谈，如陶渊明的"无弦琴"（"但得琴中趣，何劳弦上声？"[①]），欧阳修的"若有心自释，无弦可也"。但这些充其量只是传说，至多亦只是心境的写照。实际上，推崇"无声"的人往往是鼓琴的高手。这也说明，真正的无声要在声音本身的意境之中去探寻。它敞开着一种极为特异的声境形态。

在前文所引述的作品之中，声境与画境的呼应契合是一个基本特征。仍然借用希翁的说法，这里看与听实现了内在的"同步"（synchresis）：它们虽然各有着不同的步调和表现形态，但最终"综合"为一个统一体。那么，能否在荷画中探寻到视—听关系的另一重表现，即不协调，凹陷，乃至断裂和悬停？答案是肯定的。果真能够

---

① 但郭平先生考证，这其实并不符合历史的实情（《古琴丛谈》，山东画报出版社 2006 年版，"陶渊明与无弦琴"一节）。

实现此种手法的作品似乎也最为接近"静"之终极意境。

诚如希翁所论，凹陷或悬停并非视听序列的彻底断裂，而是为下一个高潮进行铺垫的暂停或中止（pause）。电影大师往往会采用突然静音的手法，如费里尼《卡比利亚之夜》中那全然静默的森林，黑泽明《乱》中那个漫天飞雪的静默场景。但即便声音中止，聆听却并未终止。在这个空寂而神秘的悬停之瞬间，观众反而在心中聆听到更为强烈的"幻声"（phantom sound），并由此更为关注影像本身的微小细节。[①] 虽然"幻声"可以从心理联想的机制上来进行解释，但它却明显启示出画境－声境相关的另一重意味：声音的静止（"无声"）本可以用来作为增强"当下"时刻戏剧性能量的一个极为有效乃至本质性的手段。悬停的瞬间，正是诗意画所孜孜以求的那种"富于包孕的片刻"的最高展现。

在谢稚柳先生的荷画中，我们发现了此种悬停时刻的另一重极致表现。他早年的荷画仍以工笔为主，只是到了后期，才逐渐进入水墨境界。

① 米歇尔·希翁，《视听：幻觉的建构》，黄英侠译，北京联合出版公司 2014 年版，第 6.4 节（第 116—118 页）。

对于此种境界，或许可以超越单纯笔法或构图的层次（所谓"恣肆狂放①"），而进一步品味其中画境—声境的开阖。其中极品当属这幅千古绝唱《红莲图》②。满塘荷叶、生机盎然的充实构图在莲花史上并不罕见，以浓重墨气、光影游戏来探寻空间本原的作品亦有先例（如龚贤、李可染），但将二者结合在一起的，似乎只有谢先生一人。

遮天蔽日的花叶扑面而来，顿然形成一种威压感，令视线无所逃逸。即便有零星的光线透出，但仍然无法真正缓解此种整体性的压迫感。这一刻，时间凝滞。在盛夏的最深处，我们置身于一片最浓重的静寂之中。与金农莲画中那种淡淡的忧郁交响不同，在这里，观者不再仅仅是对境生情，而是全然沉没于境之中。这一刻，耳畔不再有清幽散播的琴声，眼前也不再是淡雅曼妙的荷塘美景。唯有静默。

但下一刻，我们又骤然感到，这并非一片死寂，而是涌动着另一股更为强烈而澎湃的生命律动，这在以往的以"淡""清""幽"为主导格调的荷画传统中是难以觅得的。这时我们方才明

---

① 朱万章，《谢稚柳荷画及信札浅议》，见《文物鉴定与鉴赏》2012 年第 11 期，第 42 页。

② 《中国画技法图典·荷花篇》，第 82—83 页。

白，那种静寂，那个"充实"的瞬间定格画面，原来是积聚能量的绘画事件。它并非时间的真正终止，而是于悬停的片刻敞开更为丰富的意义空间。

这不正是《溪山琴况》中所言的"迟"的意境：

> 未按弦时，当先肃其气，澄其心，缓其度，远其神，从万籁俱寂中泠然音生，疏台寥廓，窅若太古，优游弦上，节其气候，候至而下，以叶厥律者，此希声之始作也。或章句舒徐，或缓急相间，或断而复续，或幽而致远，因候制宜，调古声澹，渐入渊源，而心志悠然不已者，此希声之引伸也。复探其迟趣，乃若山静秋鸣，月高林表，松风远拂，石涧流寒，而日不知晡，夕不觉曙者，此希声之寓境也。

"声音"与"意义"

—— 在《意义的逻辑》与《千高原》的张力中探寻语言的诗性本原

　　语言是二十世纪哲学中的一个核心论题，当代法国哲学中对语言问题的探索主要即沿着从结构主义到后结构主义这个宏观线索展开。德勒兹（及其后期与加塔利的合作）的语言之思虽然亦大致可以被纳入这个整体框架，但仍然体现出鲜明的独特性。其最核心要点就在于，他始终是在符号与语言的张力之中展开思索。与语言相比，符号显然运作于更为广泛的存在领域。以符号为视角，使得我们得以更为深刻地反思语言的本性和本原。

　　德勒兹对符号问题的最早关注自然应回溯至《普鲁斯特与符号》（*Proust et les signes*，1964 年初版），在其中他结合普鲁斯特的文学文本细致而原创地划分了不同的符号世界（世俗符号，爱的符号，感性符号等），由此不仅揭示了符号体

系本身的多样性和异质性，更是将符号与其种种
"外部"关联在一起，进一步开启了之后（尤其
是《电影》系列中）"将符号与行动（运动）与潜
在（时间）相关"的研究。① 但即便如此，语言
符号本身却并未成为这本开拓性著作的主题。只
有在随后出版的《意义的逻辑》（Logique du sens，
1969）中，语言问题才成为明确核心。该书中结
合"事件"（événement）概念及其时间性内涵对
结构主义范型的突破及对语言的生成本性的阐释
早已为学界所熟知，但其中散落的另外一些启示
性要点尚有待我们深入挖掘。尤其是其中关于声
音与意义的极为奥妙的章节（系列 27）暗示了洞
察语言本原的一条全新途径。而在《千高原》论
语言与符号的两个主要章节中，德勒兹则主要借
助加塔利对四种符号学的区分，尝试突破（索绪
尔以来的）主流符号学的"表意"（signifiance）
范式以及主流语言学的"树形模式"（un modèle
arborescent），并进而再度从哲学上深入反思语言
的本性及生成运动。《意义的逻辑》中的语言理
论与《千高原》中的符号机制学说相互比照，将

---

① Eugene B.Young, Gary Genosko & Janell Watson, *The Deleuze and
Guattari Dictionary*, London and New York: Bloomsbury, 2013,
p. 247.

我们带向一条揭示语言的诗性本原的启示性途径，值得细致展开。

一　内容与表达：语音（voix[①]）的引入

让我们先从《千高原》集中阐释语言问题的第四章入手。初看起来，其开始处对"口号，口令"（mots d'ordre）进行讨论的直接目的当然是为了强调语言的政治及社会背景[②]。这章的标题为"postulats"，多少带有揶揄的意味。"Postulat"本意为公设或公理，理应指向语言系统内部的基本原理，但德勒兹与加塔利的阐释却恰恰瓦解了语言系统的自足和自治，将其带向种种"外部"条件：行为，情境，等等[③]。这里的论证涉

---

① 鉴于"voix"这个概念在本文的语境中兼有双重含义（语言／音乐），视语境不同分别译为"语音"（语言）和"嗓音"（音乐）。而与"voix"相对并相关的另一个主导概念"oralité"则译作"发音"，以突出其肉体性。

② "从社会场域及政治问题的角度对语言进行解释，是抽象机器（la machine abstraite）的最根本问题。"（Mille Plateaux, Paris: LES ÉDITIONS DE MINUIT, 1980, pp. 115-116）

③ 准确说来（下文亦将详述），这些"外部条件"却恰恰处于语言运作系统之"内"（inhérent）——换言之，是布朗肖和福柯所着重阐释过的"外部"（dehors）而非二元对立框架中的"外在"（extrinsèque）（Mille Plateaux, p. 109）。从而揭示（转下页）

及很多理论资源（奥斯汀的言语行为理论，本维尼斯特和福柯的陈述理论等等），但贯穿性的主导动机仍然是德勒兹自己在《意义的逻辑》中提出的重要概念"非实体性转化"（transformations incorporells）。在《意义的逻辑》中，这个概念源自对斯多葛派的重新诠释，并引申出对"事件"这个全书核心主题的两个主导论证：一是以"表层效应"（des effets de surface）（系列2）来瓦解身心二元论；二是基于"生成"（devenir）概念对时间性样态进行区分（Aiôn/Chronos）。而这两个方面皆明显贯穿于《千高原》第四章对"非实体转化"的几个主要特征（"瞬时性"[instantanéité]，"直接性"[immédiateté]及"共时性"[simultanéité][①]）的阐释之中。

（接上页）出语言在本源之处的辩证运动：看似同质（"homogénéité"[Ibid, p. 116]）而完备的语言系统实际上却预设着异质性的根源，看似对语言本身没有实质性影响的种种"外部条件"（"非语言的外部因素"[Ibid, p. 114]）实际上却成为语言得以构成的真正的内在要素（"离开它们，语言只能是纯粹的潜在性[pure virtualité]"[MP, p.108]）。这亦是使用"postulat"这个概念的真正用意所在。诚如德勒兹与加塔利所重点援引的巴赫金的警句："必须有一种'替补的要素（élément supplémentaire），它始终拒斥着所有那些语言学的范畴与规定'"（Ibid, pp. 104-105）。

① *Mille Plateaux*, p. 102.

但正如我们在《意义的逻辑》中已经看到的，事件概念可以用来相当深刻地阐释语言问题，但其意义却并不仅局限于语言领域，而更是可以拓展至整个本体论范域。由此亦可以理解，当我们试图聚焦于语言问题本身之时，对事件这个过于宽泛的概念的运用仍需要进一步结合更具操作性的相关概念来进行。这也是为何德勒兹要在题为"语言"的系列 26 之后随即处理"发音"（oralité）这个问题：因为语音 / 发音（"说 / 吃"[parler/manger]）正是意义与声音、观念与物质，乃至心与身彼此直接交界、纠缠的真正"表层"。该系列的两条主线——"从深层（profondeurs）到表层"以及"从声音到语音"（du bruit à la voix）——皆意在揭示语言本原处的"动态生成"（genèse dynamique）。不过，虽然德勒兹敏锐捕捉到问题，但贯穿整节的精神分析论说却难以真正给出实质性的有效阐释。其实，作为语言学中的基本问题，意义与声音本来就应该借助那些更为切实的理论资源（语言学、符号学、诗学等）来加以阐释。或许正是意识到这一点，在《千高原》第四章第一部分的结末之处，德勒兹和加塔利进一步引入"符号机制或符号学机器"（régime de signes ou machine sémiotique）来将之前的事件本体论推向一个更为有效可行的解释路径。

在第二部分之中，德勒兹与加塔利重点援引了丹麦学派代表人物叶姆斯列夫的语符学（Glossmatics）中一对核心概念（contenu/expression）来展开论述。[①] 初看起来，这里的论证显然秉承着《意义的逻辑》中的基本思路：内容与表达作为两个相对独立的异质序列，各自有着独特的不可还原的"形式化"方式（物体之"混合"与陈述之"事件"）。但既然这两个序列之间既非因果，亦非表象或指称，甚至没有任何"对应"（correspondance）、"一致"（conformité）或"平行"（parallélisme）的关系[②]，那么，究竟怎样理解二者之间的切实关联？实际上，将它们视作两条相互独立的线并不恰当，因为二者之间始终处于相互转化的纠缠关系之中（perpétuelle interaction）。[③] 在这两个本身已然处于不断解域运动中的序列之间游走的始终是一条折线、横贯线或逃逸线。就语言问题而言，当我们将表达序列视作独立自主的同质系统之时，则倾向于乔姆斯

---

① 尤其参见其《语言理论绪论》第 13 节（《叶姆斯列夫语符学文集》，程琪龙译，湖南教育出版社 2006 年版，第 166 页及以下）。

② *Mille Plateaux*, pp. 109-110.

③ *Mille Plateaux*, p. 115.

基式的树形模式；而当我们试图在语言系统之中探寻断裂和缺口（fêlure），将其向外部开放，推进其变异和转化，那么，我们则倾向于拉波夫（Labov）式的语用学。

接下来对音乐问题的讨论看似突兀，但却标志着一个重要转折点，即语音（voix）的引入。引入音乐，首先当然是因为音乐与语言之间难解难分的内在关联——比如卢梭就曾将音乐和语言视作同源（《论语言的起源》），而音乐和语言之间的"类比"亦始终是当代音乐哲学中的一个核心主题（可参见美国学者彼得·基维的《纯音乐：音乐体验的哲学思考》）。音乐之中同样存在着内容／表达的二元关系，但与语言不同（我们非常自然地倾向于将语言视作抽象而同质的符号系统），音乐虽然亦有着明显的表达—形式，但它同时更体现出内容的解域运动对表达形式（如调性系统）所产生的冲击和"转化作用"（affection）："我们不再能谈论一种将对质料（matière）进行组织的声音形式；我们甚至不能谈论一种形式的连续发展运动。这里所涉及的，毋宁说是一种极为复杂与精制的物质（matériau），它将化无声之力为有声。"[1] 显然，与呼应于、倾向于组织和形式

――――――――――

[1] *Mille Plateaux*, p.121.

的"质料"相对照，在音乐之中更为关键而根本的是向着外部宇宙之"力"开放的"物质"。

这一要点引发我们的思索。以往在语言和音乐的类比之中，占据主导的似乎总是语言，也即人们总是倾向于在音乐之中对应性地探寻或建构起类似语言的那种抽象独立的形式系统（所谓"纯音乐"）。但德勒兹与加塔利在这里对音乐的提及却启示出相反的方向：即我们亦可以或应当在语言系统之中来挖掘那种种"音乐性"的外部、异质而开放的宇宙之力。如果说音乐从根本上说是化无声为有声的生成运动，那么语言是否也理应是化沉默为言语的动态过程？如先哲所暗示的（尤其是卢梭），语言和音乐确实在根源处（未必是"起源"）有着贯通的相关环节，那就是语音。以至于我们甚至可以"提出一种音乐—语音（Voix-Musique）之间的关联，它不仅会激发语音学与诗律学（prosodie），更将波及整个语言学，将其带向另一个方向。"①

显然，语音之所以在德勒兹和加塔利的论证之中占据枢纽地位，正是因为它将前文广泛展开的事件本体论和语用学讨论落到了一个切实的关

---

① *Mille Plateaux*, p. 121.

键点上。从语音入手（经由与音乐的"类比"），
我们发现了语言系统得以"生成变异"（mettre en
variation continue）① 的一个主导契机和"实验维
度"（expérimentation）②。诚如雅各布森（《声音与
意义六讲》）所深刻指出的，不能将语音与单纯物
质性的声音相混同，正因为语音不仅具有种种声
音的物质属性（音调、音质、音高等等），还同
时已然具有"意义"（meaning）。正因此它才可以
作为意义与物质这两个序列之间相互关联、作用
及转化的中介环节："这条道路从发音行为通向声
音，并从狭义上说，从声音通向意义。"③ 在音乐
中，噪音不仅用来歌唱，还与乐器、身体乃至空
间环境等等关联在一起；同样，在语言中，语音
也不仅用来言说，还与种种外部因素相关，形成
一个"声响的配置"（agencement sonore）④。更为
关键的是，语音不仅可以被纳入到同质性、共时
性的语言系统之中成为一个基本单位（"音位"），
而且同时还在向外部之力的敞开、断裂之维度中

---

① *Mille Plateaux*, p. 123.

② *Mille Plateaux*, p. 121.

③ Roman Jakobson, *Six Lectures on Sound and Meaning*, trans. John
　Mepham, The MIT Press, 1978, p. 20.

④ *Mille Plateaux*, p. 122.

体现出真正的生成的时间性样态。简言之，语音就是推动语言之持续流变的"音乐性"的逃逸线或解域线："语言的每个肢体都颤动起来。这里蕴含着对语言本身的诗意理解，仿佛语言本身拉起了一根无限变化的抽象线条。"[1]

二　符号的四种机制

不过，虽然语音的出现启示出如此重要的转折，但德勒兹与加塔利在接下去的讨论中却随即将其搁置，转向对风格及强势／弱势语言的广泛探讨。这当然主要是因为通篇是对语言进行整体性研究，不适于在一个要点上细致展开。但我们却理应在这个方向上继续深入，因为语音及其所牵涉到的意义与声音问题直接引向对语言本原的重新思索。实际上，在第四章的最后，两位作者又提到了"一种比词与物更为直接、流动与炽烈的质料"[2]，由此亦再度暗示出语音正是此种联结物与词的"共通的质料"（matière commun）。

在接下来的第五章中，讨论范围进一步扩

---

[1]　吉尔·德勒兹，《批评与临床》，刘云虹、曹丹红译，南京大学出版社 2012 年版，第 236 页。

[2]　*Mille Plateaux*, p.138.

大，从语言符号系统拓展到更为广泛多样的符号系统，而重点则在于揭示这些差异系统之间共生、渗透与转化的关系。每有一种不同的符号机制，也就对应着一种不同的"符号学"（sémiotique）。但就每种符号学体系来说，虽然可以从理论上对其独特的"表达之形式化"（formalisation d'expression）① 进行相对独立的描述，但在具体的运作之中，它总已经是混合性的了："所有的符号学都是混合性的，且只能以此种方式运作；每一种符号学都必然会捕获到一种或多种源自别样符号学的碎片。"② 就此而言，自索绪尔以来的语言符号理论（sémiologie）亦仅仅是一种符号学的机制③，其主导的表意机制（régime signifiant）倾向于形成符号之间循环互指、无限拓展的冗余（rédondance）系统。但如果将此种符号系统视作主导、首要乃至唯一，则既无法理解不同符号学之间差异、多元、异质的关系，更将进一步遮蔽乃至扭曲语言本身作为一个动态系统的生

---

① *Mille Plateaux*, p. 174.

② *Mille Plateaux*, p.169.

③ 注意"sémiologie"为索绪尔的用法，而"sémiotique"（semiotics）则是皮尔士的用法。虽然德勒兹和加塔利在书中并未全然接受皮尔士的立场，但确实意在借助皮尔士的理论突破主流的索绪尔语言符号学的框架。

成性本原："语言……作为规范化的编码，它们甚至能够减缓或阻塞所有的符号增殖（semiotic proliferation）。"[1] 因此，有必要突破语言符号学的中心地位，在与"非语言"的外部力量的复杂交互之中理解语言符号系统本身的"混合性"。

关于符号学及其机制的不同分类，加塔利之前也进行过细致辨别，尤其是在《分子革命》（*La Révolution moléculaire*）一书中。在此，不妨与《千高原》第五章中的分类进行比照综述。第一种是"前表意（pré-signifiante）的符号学"（《分子革命》中的名称为"A-semiotic encodings"）。作为物质与肉体自发、自然的表达，它先于表意的符号机制，并主要具有"节段性"（segmentarité）和"复调"（polyvocité）这两个特征，二者皆旨在揭示种种"原始"（primitif）表达的多元和复杂的样态。这一样态亦明显体现于语音－噪音之中："肉体性，姿态，韵律，舞蹈，仪式，这诸种形式皆以异质状态并存于语音－噪音的形式之中。"[2] 显然，在明确成为语言表意系统的音位单元之先，

---

[1]　Pierre-Félix Guattari, *L'inconscient machinique*，转引自 *The Guattari Reader*, edited by Gary Genosko, Blackwell Publishers Ltd, 1996, p. 146。

[2]　*Mille Plateaux*, p. 147.

人的语音－噪音已经作为肉体自身的原初表达形式，并由此与肉体本身的诸多向度密切结合在一起。由此亦可领会前表意和表意这两种机制之间的张力关系：在某种意义上说，虽然前者可以被视作后者的深层本原，但却始终对后者形成着抵抗、侵蚀乃至瓦解的作用。在下一节中，我们亦会围绕着语音—噪音—发音的张力来对前表意机制进行深入论述。

接下来，《分子革命》在表意机制之中又区分出"象征符号学"（symbolic semiologies）这个子范畴，大致对应于《千高原》中的第三种机制"反－表意"（contre-signifiante）。《千高原》中将它与一种游牧的战争机器关联在一起，突出其不固着中心和统一性，而是不断进行动态划分和迁徙的样态；《分子革命》中则同样强调此种机制的复杂和开放性，并指向孩子或疯人世界中的独有"快感"（jouissance）①。

更为关键的其实是最后一种机制，即"后－表意"（post-signifiant）（《分子革命》中则将其称作"A-signifiant"）。它的"后－"自然是对应于第一种机制的"前－"，但这并非是在进化或发展阶

---

① *The Guattari Reader*, pp. 149-150.

段意义上所说的"先"与"后"（"我们不研究进
化论，甚至也不谈历史"[1]），而是说后表意机制
必须以表意机制为前提，依赖于、"寄生于"、"嫁
接于"后者进行多元、异质的衍生，正如根茎也
必须依附于树之主根方可进行萌发。但《千高原》
中对此种机制仅一笔带过，而《分子革命》中的
界定则显然更为清晰细致："这些非表意机器继
续依赖于表意符号学，但却仅将后者当做一种符
号解域运动的工具与器具，正是此种解域运动使
得符号流与那些最为解域的物质流之间得以建立
连接。"[2] 对照看来，无论反－表意机制的游牧迁
徙怎样动态不居，但仍然最终囿于表意的版图之
内；而后表意机制则显然不同，它通过勾画出自
身的逃逸线，致力于将机制本身向外部之力敞开，
从而推动不同机制之间的渗透与交错。

德勒兹和加塔利接下去再度驰骋于诸座高原
（历史、宗教及文化的诸多领域）对上述不同的符
号机制展开广泛论述。但我们理应暂时停驻，再
度关注于对声音和意义进行的反思。

---

[1]　*Mille Plateaux*, p.149.

[2]　*The Guattari Reader*, p. 150.

三　"前表意机制"：语音—嗓音—发音

显然，前表意和后表意这两种机制最能引导我们对语音－嗓音问题进行思索。

首先，《意义的逻辑》系列 27 中对"发音"的集中论述显然指向前一种机制。在该章的最后，德勒兹亦明确使用了"前－意义"（pré-sens）这个类似的说法来指涉这个深层领域。[①] 他同时强调，对前意义的发音机制的研究更应关注其本原性的动态生成，也即，重在阐释、描述声音是如何从肉体之中脱离、分离，从而在事件的表层之上转化为表达的意义。换言之，声音不再（仅）是肉体本身的物质属性（son），而是逐步转化为语言体系内部一个表意的要素（voix）。

重点结合克莱因（Melanie Klein）对儿童发展阶段的精神分析理论，德勒兹进一步阐释了"发音"的两个主要特征："碎片化"（德勒兹用了 morcellement, miettes, morceaux 各种类似的形容）以及与之相对的"容贯性"（consistance）。前者正呼应于前表意机制的"节段性"和"复调性"，重点强调肉体在进行表意性"言说"（parler）之先，

---

① *Logique du sens*，LES ÉDITIONS DE MINUIT, 1969, p. 226.

其发声过程尤其具有碎片、微观、弥散、多元等特征。但这些有着"坚实固态"(dur et solide) [1] 的微观碎片并非仅维持于碎裂与混合的状态，而是在流动(liquide, fluide) [2]、转化、互渗的过程之中亦形成一种贯穿的统一性，即"无器官身体"。德勒兹从发声的角度极为生动地描绘了这两个方面："(肉体的)深处是喧杂的：咔嗒声，撕裂声，嘎吱声，噼噼啪啪的声音，爆破声，那些内部对象的爆裂的声音；但与之相对应的，同样还有无器官身体的混沌未分(inarticulé)的呼喊—呼吸，——所有这些形成了一个声响系统。" [3] 这里，碎片的不连续撞击声与无器官身体连贯的呼吸—气息声形成了肉体深层的声音图景。也正是自这个混沌的深处，方才真正涌现出一种"语音"(Voix)的可能。

公允说来，对于从发音到语音的动态生成，德勒兹借助精神分析理论所进行的冗长解说并不具有太多效力。对照起来，巴特在文集《显义与晦义》中借助语言和音乐的类比所做的阐释似乎更具启示(尤其是"音乐之躯"[le corps]这个部

---

[1] *Logique du sens*, p.220.

[2] *Logique du sens*, p. 220.

[3] *Logique du sens*, p. 225.

分）。首先，与德勒兹颇为一致，巴特也将"语音－噪音"（la voix）置于话语与肉体之间的交界处，并以此开启对语言本原的探索："作为说话的肉体性（corporéité），噪音位于身体与话语的结合处（l'articulation），听的往返运动正是在这两者之间（entre-deux）可以进行。"[1] 进而，巴特明确指出，自己的探索方向亦同样是自噪音下行，也即回归噪音所源自的肉体的深处："我们的噪音在穿过我们的解剖体的空隙和块体之后到达我们，……噪音不是杂音（souffle），而正是从作为语音定型和切割（se découpe）之场所的喉咙里突然出现的这种身体的物质性（matérialité）。"[2] 噪音虽然不是"杂音"（气息穿越肉体深处所发出的更为混沌而丰富的声音），但却自这个肉体的杂音背景之上涌现而出，因而与已然有着明确形态划分的"语音"不同，它指向的恰恰是肉体深层的物质性。巴特以"噪音之微粒（grain）"这个美妙的概念（兼具微观的碎片性与坚固的实体感）来描摹此种物质

[1] 罗兰·巴特，《显义与晦义》，怀宇译，百花文艺出版社 2005 年版，第 261 页；同时参考法文版 *L'Obvie et l'obtus*, ÉDITIONS DU SEUIL, 1982, p. 226，必要时对译文稍作修正，但下文仅标注中文版页码。

[2] 《显义与晦义》，第 260—261 页，强调为作者所加。

性，以此与德勒兹所描述的"碎片化"运动形成颇为恰切的呼应。

不过，他进而在《噪音的微粒》一文中所引入的语言和音乐之类比就显然比单纯的精神分析更富洞察力。他首先指出，通常那种试图在音乐之中对应性地复制语言体系的做法注定将陷入困境，更可行的做法是真正切近"音乐与言语活动的接触边缘（la frange de contact）"[1]。而这个彼此接触的真正边界正是噪音，"噪音处于语言和音乐两种姿态（posture）、两种生产状态"[2]之间。但也正是因此，噪音不能归并、还原为任何一种成型的机制（无论是音乐还是语言），而是将二者带向一种共通的本原之处，即肉体的深处："某种东西直接的就是歌者的身体，……来自肺部空洞、肌肉、黏膜、软骨的深处，……它使我们听到了一个身体。"[3]而回归其深处的身体亦处于各种表意机制之先："越过可理解性即表达性（l'expressif）而直接地驱赶（charrie）象征体系。"[4]这里，"charrier"这个词其实既有"转运"（transporter），

---

[1]　《显义与晦义》，第274页。

[2]　《显义与晦义》，第274页。

[3]　《显义与晦义》，第275页。

[4]　《显义与晦义》，第275页。

又有"激发、驱动"(entraîner) 的含义，从而既突出了肉体所处的本原地位，又突出了其作为语音—话语得以涌现的深层动机和动因。

初看起来，"嗓音的微粒"这个说法似乎只突出了"发音"的第一个方面，即碎片化或节段性（巴特亦将它们比作离散的"字母"[lettres] 和语词）。但巴特随即揭示，这些微粒并非仅仅处于碎裂、分离的状态，而同样也具有一种流动的统一性。其真正根源并非在于精神分析所阐释的超我结构 (surmoi)，而只能在语言—音乐的相通之处方能觅得端倪：那就是"语调"(diction)。语调伴随着、驱动着语言体系的运转，但一方面，它不能分解为、等同于语言的单位（字母，音位）及其成型的关系和结构，而恰恰如贯穿"骨骼"的流动"血液"一般[①]，将语言不断地带入一种流动、开放但又具有容贯性的运动状态之中；而另一方面，即便语调总是与话语紧密结合在一起，难解难分（难以想象完全不具有语调的言说），但它又由于鲜明的音乐性（歌唱、旋律、韵律）和身体性（呼吸，"普纽玛"[pneuma][②]）而体现出

---

① 《意义的逻辑》中的比拟，参见 *Logique du sens*, p. 220.

② 《显义与晦义》，第 276 页。

一种不可还原的异质性，始终与语言之间保持着若即若离的关联。可以说，在德勒兹文本中尚且隐晦地暗示着的线索，巴特在音乐－语言的类比中明确揭示了出来。在语言的本原之处，通过噪音的微粒这个中介的表层，我们洞察到其音乐性和肉体性的双重根源："在一般发音（prononciation）的艺术里……是音乐进入语言之中，并在语言上重新找到属于音乐、属于钟爱（d'amoureux）的东西。"①

四　"后表意"：诗之声，抑或声之诗?

然而，上述对前表意机制的阐述易于导向一种误解，似乎对噪音之动态生成的描述、将发音带回身体深处的回溯始终是在预设一个外在于乃至先在于语言的"起源"。德里达等哲学家已经对此种在场—起源的迷思进行了深刻批判。就语音—噪音（voice）这个基本问题而言，现象学家唐·埃德（Don Ihde）也在批驳了欧陆与分析这两个主要版本的"起源传说"（tales of origin）之后明确指出：一方面，我们总已经在进行活生生的

---

① 《显义与晦义》，第 289 页。

发声、言说活动，因此，语音对于我们更应当是
一个围绕其展开的"中心"①，而不是一个需要不
断被回溯、拉远的年代淹远的"起源"②；而另一
方面，更为重要的是，即便在这个中心之处，亦
难以探寻到起源传说所致力于挖掘的根源的同一
性，而同样是已经充溢着差异性和多元性（"丰
富，多维，充满着未经探索的可能性③"）。既然
如此，那么，前表意机制之"前"的维度就不再
指向一个时间上的起源，亦不再是逻辑上的前提
（既定体系之"内"的奠基性公理），而是确实指
向一个"外部"（dehors），但诚如布朗肖和福柯
对这个概念的深刻界定，这个外部恰恰是内在于
既定体系之中的缺口或敞开的异质性维度。借用
克里斯蒂娃在里程碑式著作《诗性语言的革命》
中的精确阐释，可以说这个"pré-"的维度本已经

---

① 索绪尔亦明确指出："研究语言的起源是徒劳无益的，……关
　　于语言的诞生，可以没完没了地讨论下去，但它最大的特点，
　　就是完全同它成长的特点一样。"（《普通语言学手稿》，于秀英
　　译，南京大学出版社 2011 年版，第 80 页。）

② Don Ihde, *Listening and Voice: Phenomenologies of Sound*,
　　second edition, State University of New York Press, 2007, p. 194.

③ *Listening and Voice*, p. 194.

是、同时是"post-"与"trans-"的维度。[1]

虽然如此，但从描述的方向上来说，前表意关注外部如何侵蚀、瓦解语言体系的既定边界，而后表意则试图从中心出发，探寻向外部的逃逸路线。这里，我们参照乔恩·埃里克森（Jon Erickson）的重要论文《真言：声音诗与阿尔托》（The Language of Presence: Sound Poetry and Artaud）中的明晰阐释，将埃德的那种从言说向未说之界域（saying→unsaying）的外推细化为如下环节：

表意机制 → 拟音（onomatopoétique）→
失语 [aphasic] 等过渡环节 → 真言

显然，其中最为关键的是两个相对的极点，即拟音和真言。二者所处的地位以及由此所发挥的功用皆有所区别：拟音虽然致力于将语言带回语音和发音的"自然"根源，但从根本上说它仍然具有向心的倾向，与表意机制的联结显然更为紧密；但更具实验性的失语和真言则更体现出离

---

[1] Julia Kristeva, *La révolution du langage poétique*, Édition du Seuil, 1974, p. 224.

心的运动，不断脱离语言及其既定的意义与规则体系。

　　实际上，这条（些）逃逸路线从根本上针对的正是索绪尔所奠定的语言符号学体系。后者最基本原则即是能指与所指之间独断的（arbitrary）、偶然的、非本质性的关联，由此才得以将语言界定为一个独立自足的符号－表意系统。与此相对，真正的逃逸路线首先就要试图恢复、重建（或"创造"）符号与其外部之间被隔断的关联。就语言哲学本身来说，这向心和离心的两个倾向自然不是新颖的题目。柏拉图早在《克拉底鲁篇》中就戏剧性地描述了黑摩其尼（Hermogenes）的约定论立场（向心）与克拉底鲁的自然本性论（离心）之间的交锋。就后者而言，语音的自然魔力是一个核心的论据："名称就是某物的语音摹仿（*vocal* imitation）。"[1] 语音之奥秘就在于，它不仅是"人间"之物（承载意义的媒介），还同样是"世间"之物（与万物并存并相互作用）。由此亦可以理解，为何拟音现象向来成为探寻语言的象征意

---

[1] W.K,C,Guthrie, *A History of Greek Philosophy*, Vol. V, Cambridge University Press, 1978, p. 10.

味与自然本性的最重要途径。[①] 但诚如众多学者
意识到的，当我们在语言学或文学的范域中研究
拟音之时，它的背景其实并非广阔而开放的外部
界域，而更是语言符号体系自身及其表意机制。
如休·布勒丹（Hugh Bredin）所总结的，最终可
能（且应该）将语言的声音形态（"sound shape
of language"，雅各布森的名作之标题）与意义系
统凝聚为一个"统一的理论"。[②] 语言的声音形态，
既包含全然内在于系统内部的、合乎"语法性"
（grammaticalité，克里斯蒂娃用语）（语音、句法、

---

① 就当代欧陆哲学而言，热奈特（Gérard Genette）在集中论述
　语言的摹仿理论的 *Mimologiques*（Édition du Seuil, 1976）一书
　中对拟音的研究最具启示性。结合法国 19 世纪语言学家 Charles
　Nodier 的研究，他进一步区分了单纯的拟音（l'onomatopée）与
　人类噪音—语音为主导的 "le mimologisme"（p. 185）。关于拟音
　的更为细致的区分，更可参见 Hugh Bredin, "Onomatopoesia as
　a Figure and a Linguistic Principle", in *New Literary History*, Vol.
　27, No. 3(Summer, 1996), pp. 555-569. 他在物—词—声—意的复杂
　关系中区分了三种拟音类型："直接（direct）拟音""联想拟音"
　与"例示（exemplary）拟音"。

② "Onomatopoesia as a Figure and a Linguistic Principle", p. 568.
　Anthony L. Johnson 在 *Jakobsonian Theory and Literary Semiotics:
　Toward a Generative Typology of the Text* 之中更是将"声音—词
　串—句法—意义"（sound-word sequence-syntax- meaning）的复杂
　关系巨细无遗地概括为六种动态等级类型（*New Literary History*,
　Vol. 14, No.1 [Autumn, 1982], p. 53），但仍是为了最终建立起一种
　综合性的统一理论。

语义、修辞等等规则）的声音机制[①]，同样也包含致力于重建词与物之自然关联的拟音形态。但无论哪一种，最终都归结为表意机制的不同层次、方面和环节。

比拟音更进一步，当代另一脉实验艺术形式"声音诗"（sound poetry）则沿着逃逸的离心方向走得更远，也更为彻底。用其代表人物之一史蒂夫·麦卡弗里（Steve McCaffery）的描述："作为事件的声音并非语义之傀儡，而成为符号之悖谬的一剂合适的解毒药。一物可以不必表征另一物，而直接是其自身，由此解脱了语言的不在场性的所有形而上学含义。"[②] 虽然在技术手段的推波助澜之下，声音诗在晚近有日渐兴盛的趋势，但其

[①] 克里斯蒂娃在诗学领域内将此种机制称为"古典格律"（la métrique classique）（*La révolution du langage poétique*, p. 215），如古典诗学中所恪守的种种音律规则。在这里同样体现出语言与音乐的类比（"诗的音律也是一种音乐"，黑格尔，《美学》第三卷［下册］，朱光潜译，商务印书馆1981年版，第71页）。只不过，这里与语言相呼应的不再是其发音—嗓音的肉体深层（前表意机制）（"底层冲动""野性声音"［*La révolution du langage poétique*, p. 231]），而其实更是音乐的抽象的形式体系（表意机制）："超级语言的音母体"（des matrices musicales extra-linguistiques）（Ibid, p.210）。

[②] 转引自 Jon Erikson, "The Language of Presence: Sound Poetry and Artaud", in *Boundary 2*, Vol. 14, No. 1/2(Autumn, 1985 - Winter, 1986), p. 280。

默认的哲学预设仍然存在着明显的缺陷。在拟音之中，词与物、声音与对象之间毕竟还有着不可还原的间距，模仿性的表象关系的存在使得拟声词仍然保有着符号的本性。但极端的声音诗（而非那些无限多样的过渡或混合形态，如失语实验等）则最终致力于消弭这条最底限的边界，实现物与词的"直接"同一，将声音彻底还原到其实在的、肉体的本原状态，将语音—嗓音彻底抛回到身体的深渊之中。可以想见，由此体现出我们在前表意机制中已经描述过的种种特征。一方面是声音的碎裂、微粒化："将一篇文本切碎成一个个单词，再把它们装在一个口袋里面震荡"（啊啊啊 [Tristan Tzara]，《炮制一首达达诗》[*To Make a Dadaist Poem*]）。[①] 而另一方面，这些碎片之间仍然营造出一种流动的、贯穿的统一性：巴特所说的音乐性、歌唱性的"语调"在声音诗中则更直接地指向前语言的"情感效应"（intonation）[②]。情感如贯穿的气息一般激活着、推动着声音碎片的不断生成转化，同时它也在不同的肉体之间（从说者或表演者到听者）不断营造着实在的、血脉

---

① 转引自 "The Language of Presence: Sound Poetry and Artaud"，p. 281。

② "The Language of Presence: Sound Poetry and Artaud"，p. 282.

相通的联结纽带。声音诗的传达不应再有含混之处，因为它无需任何中介（符号，语言，意义），而全然依赖于不同肉体的生理、物理机制。

结语：寂默（silence），语言的诗性本原

因其极端性，声音诗的缺陷与其启示几乎同样明显。从哲学上来说，它不仅重新落入了纯粹在场的迷思，而且，还由于在词与物、心与身之间制造了彻底的断裂而最终导致了《意义的逻辑》中所谓的表层的塌陷。物质的混沌运动吞噬了语言符号的系统，但也同样消除了意义在不同的差异性系列之间衍生的可能。但在本文的结末之处，我们更意在揭示声音诗的极端实验所敞开的另一重可能：即寂默，作为语言的终极界域。诚如埃里克森的追问，"真言在其物理和生理的根基之中切近了在场。但真正的在场……居于寂默之中，它才是真正的本原。何处方可遁入寂默？"[1]换言之，在之前的追问之中，我们始终是在声音与意义之间含混交错的表层探寻语言的本原，而声音

---

① "The Language of Presence: Sound Poetry and Artaud", p. 284.

诗却启示出另一重可能：在意义 → 语音 → 发音的不断还原的尽头，我们所触及的正是声音本身的界限，或有声 / 无声之间的边界："界域既是边界，亦是开敞。"[1] 由此恰好回应了第一节中就提出的基本命题：语言，作为化寂默为言说的生成运动。

或许正是在寂默之际，方才洞察到语言的诗性本原。在中国文化之中，此种领悟自然可以回溯到久远的年代。而在当代语言哲学之中，它也逐渐成为一种重要的趋势。早在 1919 年论俄罗斯诗歌的论文中，雅各布森就指出，诗的语言之所以是"革命性的"，正在于它"重新拉近了声音与表意这两个方面的联系"[2]，从而开启了随后诸多在声音 / 意义的边界之处探寻语言诗性的重要途径。而在哲学之中，海德格尔则首先克服了黑格尔那种以"感性的媒介"向"精神性媒介"的上升运动来界定诗性语言的做法[3]，在存在论上将语言的诗性本原引向声音与发声："我们是想把作为

---

[1]　*Listening and Voice*, p. 161.

[2]　Roman Jakobson, *Huit questions de poétique*, Paris: Éditions du Seuil, p.15.

[3]　"文字固然没有完全抛弃声音因素，但是已把音调降低为只供传达用的单纯外在的符号。"（《美学》第三卷［下］，第 8 页）

一种肉体现象的有声表达贬为语言中的纯粹感性因素，以便把人们所谓的所说之含义和意义内涵抬高为精神因素，……亟待思索的事情是，语言的肉身因素……是否得到了充分的经验？"（《语言的本质》①）他由此展开的对语言和歌唱的思索，语言和大地的关联，以及"调音"（Stimmen）和聆听等重要声音隐喻都沿着这个本原方向展开。也同样在这个本原之处，他触及了寂默。因为语言正是"作为寂静之音说"（《语言》②）。但寂默当然不等同于无声，而是作为发音之原初界域："在使物和世界入于其本己而静默之际，区分召唤世界和物入于它们的亲密性的'中间'之中。"③从而，寂默也就成为物—声—言—意所贯穿的世界化运动的终极界域。在这个方向上，梅洛－庞蒂随后在艺术领域内对"沉默语言与寂静之声"的揭示，乃至凯奇和桑塔格所实践的名闻遐迩的"寂默美学"等等，都同样开启出广阔的思索空间，留待我们进一步思索。

---

① 《海德格尔选集》（下），孙周兴选编，上海三联书店 1996 年版，第 1108 页。

② 同上书，第 1001 页。

③ 同上书，第 1000 页。

白噪音、黑噪音与幽灵之声
——德勒兹的事件理论视域中的噪音本体论

德勒兹与艺术之间的关联，早已是学界长久以来的热点。但相对于别的艺术领域，音乐与声音艺术显然较少受到研究者的关注。究其原因，首先是因为德勒兹自己曾广泛撰写过文学（《普鲁斯特与符号》）、绘画（《感觉的逻辑》）和电影方面的专著，但至于音乐和声音，他仅有一些零星的章节和片段。[1] 近年来，伴随着一些重量级的研究专著及论文合集的出版[2]，德勒兹与音乐之间的关联逐渐成为焦点，但声音及作为其极限形态的噪音却仍然未能唤起足够的哲学兴趣。关于声音

---

[1] 相对重要的比如《千高原》中的"迭奏曲"这一章，以及《电影2》中对视听关系及言语行为（第九章）的研讨。

[2] 专著如 Edward Campbell 的 *Music after Deleuze*，合集如 *Sounding the Virtual: Gilles Deleuze and the Theory and Philosophy of Music*，*Deleuze and Music* 等等。

与德勒兹的艺术哲学乃至整个哲学体系的密切关系，我们已经在别处有所涉及（不妨参见本书的其他相关篇章）。在本文中，我们更意在基于"事件"这个极富德勒兹色彩的哲学概念①，来进一步思索噪音在本体论上的优先地位。

选择噪音—事件这个主题，还因为它更有一层切近当下的涵义。晚近的思辨实在论流派的重要代表哈曼（Graham Harman）曾在《游记形而上学》（*Guerrilla Metaphysics*）中将噪音形容为物的"边缘介质"（peripheral material），并进而细致刻画了黑噪音、白噪音等等丰富多样的形态。② 这些都明确将我们引向了噪音在物导向（object-oriented）的本体论体系中的基础地位。而哈曼引入这段研讨的重要背景正是对因果性问题（causation）的重新反思，这又与德勒兹在《意义的逻辑》（*Logique du sens*）中经由斯多葛派独特的因果性理论引入事件概念的思路不谋而合。或许并非巧合的是，在思辨实在论的旗舰刊物《崩

---

① 从早期的代表作《意义的逻辑》、直到他独立完成的最后一本哲学代表作《褶子》（*Le Pli*, 1988），事件始终是一个核心的主题。

② *Guerrilla Metaphysics*, Chicago and La Salle: Open Court, 2005, pp. 184-185. 但我们下文对黑噪音和白噪音的理解与哈曼又有所不同。

溃》（*Collapse*）第 III 期"德勒兹专号"中，约翰·塞拉斯（John Sellars）对斯多葛的时间概念（亦是《意义的逻辑》的一条主线）的辨析，与哈斯维尔和海克尔（Haswell & Hecker）对泽纳基斯（Xenakis）噪音艺术的研究恰好形成前后呼应，亦极为明确地显示出事件与噪音之间的直接相关。下文就首先从《意义的逻辑》中的事件理论入手，从因果性切入时间性，由此导向一种可能的噪音本体论。这既有助于从艺术哲学上深刻理解噪音艺术的发展脉络，更是得以将我们带入当下时代的典型"情动"（affect）。

1.《意义的逻辑》中的事件理论：非实体（incorporel）与斯多葛的因果理论

选择《意义的逻辑》作为入口，并非不存在争议。比如，勒塞克勒（Jean-Jacques Lecercle）就坦承，该书之所以向来受研究者忽视，正是因为它本身并不具有典型的德勒兹式的特征。其中充斥着浓重的结构主义和精神分析色彩几乎淹没了"生成""事件"这些概念的闪光点，而他晚期与加塔利合作的《资本主义与精神分裂》系列中对精神分析的口诛笔伐更是几乎构成了对《意义的逻辑》的彻底否弃。[1] 由此勒塞克勒在他集中研讨"德勒兹与语言"的专著之中,亦仅将《意义的逻辑》作为一个短暂的过渡章节,并最终试图从"结构主义者德勒兹"那里拯救出一些对于理解语言和意义问题的有益启示。这样的立场实际上颇为流行。詹姆斯·威廉姆斯(James Williams)在全面阐释该书的《吉尔·德勒兹的〈意义的逻辑〉:批判性导引》(*Gilles Deleuze's* Logic of Sense: *a Critical Introduction and Guide*, 2008) 中,仍然是以"系列"(series)这个典型的结构主义概念为主导进行阐释。虽然亦重点关注了"悖论"(paradox)、"奇点"(singular points)这样的异常形态,但从结构主义到后结构主义的基本脉络仍然朗现无遗。这样的立场也就决定了,他们最终只是将"事件"视作结构主义大背景之下的一个从属性的分支问题[2],而无法真正领会其基础地位。与之相对,肖恩·鲍登(Sean Bowden)的近作《事件的优先性:德勒兹的〈意义的逻辑〉》

---

[1] Lecercle, *Deleuze and Language*, Palgrave Macmillan, 2002, pp. 99-100. 在这里,他更是明确将《意义的逻辑》归于德勒兹思想发展中昙花一现的"结构主义时期"。

[2] Lecercle 对"事件"的七个基本界定无一不落入这个辖域之中: *Deleuze and Language*, pp. 107-108。

(*The Priority of Events: Deleuze's* Logic of Sense，2011）则多少起到了一些纠偏的功效。他明确指出，单纯以"系列模式"（serial model）为主导所进行的阐释根本无从确立"事件的本体论优先性"这个核心主题。[①] 不过，虽然洞察到了正确的方向，他在第一章中的阐释却仍然有着明显缺陷。即便他将因果性作为事件的首要特征[②]，但随后的阐释（尤其是对"可说之物"[sayable] 与"时间"之本质关联这个关键点）却并未真正围绕因果性为枢纽而展开。此外，他对事件的本体优先性的论证主要依靠《褶子》一书，而未能充分认识到，其实在《意义的逻辑》中已然给出了可能的论证方案。那就让我们先回归文本一探究竟。

《意义的逻辑》中对事件的阐述看似集中于系列 21，但实际上却散布于全书各处，成为在不同系列之间引发共振的"悖论点"（paradoxical point）。"悖论"这个主题颇为重要，因为它实际上界定了《意义的逻辑》的基本方法："悖论的系列构成了意义的理论"（des series de paradoxes qui

---

[①]　Sean Bowden, *The Priority of Events: Deleuze's* Logic of Sense, Edinburgh: Edinburgh University Press, 2011, p. 18.

[②]　*The Priority of Events: Deleuze's* Logic of Sense, p. 10.

forment la théorie du sens)① 这看似并非极富创意的论断。比如，在索绪尔的结构语言学中，差异系列之间的共时并存（如聚合链）就已经是一个重要方面，而后来梅洛－庞蒂更是由此引申出"言说的话语"（parole parlant）与"被言说的话语"（parole parlé）这个关键区分。但德勒兹的独创性确实体现于随后做出的两点说明：首先，意义是"非现存的实体"（une entité non existante）②；其次，意义是"纯粹的事件"，其根源在于悖论性的时间形式，即"生成"（devenir）（既是"将要"，但同时又是"已经"）（系列1）。正是这彼此相关的双重界定明确标志着德勒兹从语言的结构（或后结构）分析转向意义／事件的本体论。在这个转向的过程之中，斯多葛哲学占据着显著的"特殊地位"，甚至进而呈现出一种与柏拉图传统截然有别的"哲学家的形象"。

斯多葛哲学对于《意义的逻辑》最为重要的奠基作用正体现于在"物或物态"（corps ou états de choses）与"非实体的事件或效应"之

---

① Gilles Deleuze, *Logique du sens*, Paris: Les Éditions de Minuit, 1969, p.7.

② *Logique du sens*, p.7.

间的根本区分 [①]：somata/ asōmata。在当代哲学的语境之中，大致对应于"物"（object）与"事件"（event）这一对基本范畴。对二者之同异的辨析，尤其在当代分析哲学中成为一个引发持久论争的热点主题。在经典论文《时空中的事件与物》（*Events and Objects in Space and Time*）中，苏珊·哈克对这个基本问题进行了清晰阐述。她首先批驳了将事件类同于物的主流倾向，进而区分了二者间的几点根本差异：物的本质是空间性，而事件的本质是时间性；物由物质（matter）构成，而事件则是非物质性的；物可以区分为部分（parts），但事件则应当划分为阶段（phases）；物具有个体性、排他性，而事件则倾向于并存、融合等等。一句话，物"存在"（exist），而事件则"发生"（take place）[②]。事件不是物，而仅仅是物之中所发生的变化（change）。所有这些区分其实皆已经蕴含于斯多葛派哲学家的残编断简之中。不过，斯多葛派的真知灼见远不止于做出这些区分，而更是体现于从因果性和时间性的角度所进行的本体论证明。此种证明试图回应一个根

---

① *Logique du sens*, p.16.

② P. M. S. Hacker, "Events and Objects in Space and Time"，收于 *Mind*, New Series, Vol. 91, No. 361 (Jan., 1982), p.3。

本难题：既然"万物皆物质"（Tout ce qui existe est corps）[1]，那么又当如何正确理解非物质、非实体的事件的本体论地位？这里，德勒兹重点援引了哲学史大师埃米尔·布雷耶（Émile Bréhier）的相关研究，指出事件"并非存在，而是一种存在的方式"；作为"属性"（attribut）而非"性质"（qualité），它首先以动词的形式被"表达"（exprimé）[2]。这也是为何在斯多葛派所列举的四种基本的"非实体"中，"可表达者"（l'exprimable, lekton）居于首位[3]。正是（甚至唯有）在语言的描述和表达之中，我们才真实而直接地把握到事件的"发生"。由此在随后的系列 3 中，德勒兹顺理成章地转向了对意义的语言哲学探讨，而语言也明显逐渐成为后文的主线，倒是因果性（系列14）和时间性（系列23）退而成为从属性的论证环节。

　　然而，《意义的逻辑》这个明显的整体架构并非无懈可击。实际上，细考各家诠释，"可表达者"即便被置于首位，但这仅仅因为它是理解事

---

① 转引自 Émile Bréhier, *La théorie des incorpore dans l'ancien stoicism*, Paris: Vrin, 1928, p.6。

② *Logique du sens*, p. 14.

③ *La théorie des incorpore dans l'ancien stoicism*, p.1.

件之本性的方便入口，而并不意味着它在四种事件之中享有任何独立的、特殊的重要性。著名的斯多葛哲学研究专家约翰·塞拉斯就极为直接而敏锐地批驳到，德勒兹仅由"可表达者"而直接推出一整套两面性（深层／表层）的事件本体论，虽然是一种极富创意的"误读"，但却完全不符合斯多葛派的"非实体"理论的原意。[1] 事实上，研究者们往往都强调各类事件之间的基本相通性。关键之点正是因果性。这首先涉及克律西波斯（Chrysippe）那个晦涩的命题，"非实体无法触碰物体"（L'incorporel ne touche pas le corps）[2]。但布雷耶由此阐释到，虽然事件与物之间没有实在的因果作用（physical causation），但它指向的是物与物"之间的联结"（liaison entre）、"过渡、转化的中间环节"（événement passager et fugitif）[3]。他起初认为此种"非实在的因果性"（causalité irréelle）只存在于语言表达之中，但在第三章伊始，他就进一步指出，其实另外三种非实体（虚空 [le vide]，场所 [le lieu]，时间）也都可以归结为此种

---

① *Collapse III: Unknown Deleuze and Speculative Realism*, Falmouth: Urbanomic, 2007, pp. 177-178, 注解 1。

② 转引自 *La théorie des incorpore dans l'ancien stoicism*, p.9。

③ *La théorie des incorpore dans l'ancien stoicism*, p.23.

"转化"（transition）、"间隙"（intervalle）的存在方式。[①] 简言之，这一点正是它们彼此的共通之处（rapprochement）[②]。

由此就触及斯多葛派对因果性的独特理解。之所以提出非实体性的事件作为物与物之间的转化中介，正是为了回应亚里士多德的困境。后者仅肯定物之间的"接触性的机械作用"（L'action mécanique par le contrat）[③]，但这就预设了物与物之间有着明确划分的边界、相互排斥的个体性存在，进而导致"两物不可能同处一个场所"这个看似颇为荒诞的结论。[④] 对单纯的机械式因果作用的批判当然由来已久。比如苏珊·哈克就将其概括为"休谟范式"，因为它最为完美的体现正是《人性论》中台球之间相互撞击的经典案例：第一个球的撞击是后一个球运动之"因"，但前提是二者之间必须有直接的、无中介的、实在性的接触。[⑤] 哈克指出，此种因果作用的最大症结正是无法解释宇宙中广泛存在的"超距作用"（causation at a

---

① *La théorie des incorpore dans l'ancien stoicism*, p.38.

② *La théorie des incorpore dans l'ancien stoicism*, p.43.

③ *La théorie des incorpore dans l'ancien stoicism*, p. 41.

④ 或许并非如此荒诞，因为苏珊·哈克仍然明确承认这一结论。

⑤ *Events and Objects in Space and Time*, pp. 16-17.

distance），如重力、电磁场等等。

对于斯多葛派来说，空间并非只是被不同的物"先后"占据的容器（un vase），而恰恰是不同的物得以"连续"经过的"通道"（passage）。[①]换言之，物如果有"边界"（limite）和"极限"（extrémité），那也并不是来自外部的限定，而正是源自内部的"变化之源"（germe, la force intérieure）[②]。正是由此，斯多葛派以生物因果（causalité biologique）取代了柏拉图式的理念因果（causalité idéale）和亚里士多德的机械因果：物并非理念的摹仿，也并非彼此排斥的个体，恰恰是经由"事件"而相互转化的生命运动。虽然由于年代的淹远和文本的匮乏，我们今天已无法领略这一学说的全貌，但它所敞开的深刻启示仍然是弥足珍贵的。

2. Aiôn/Chronos：感性介质（sensual ether）与幽灵之声

基于斯多葛派的洞见，我们得以基于时间

---

① *La théorie des incorpore dans l'ancien stoicism*, pp.38-39.

② *La théorie des incorpore dans l'ancien stoicism*, p. 41, p. 10.

性这一本质维度来建构一种可能的事件本体论。由此首先有必要回归《意义的逻辑》中关于 Chronos/Aiôn 的著名区分。虽然这一章节早已成为《意义的逻辑》的标志性主题，但细究其中论证，仍然存在许多有待澄清的要点。首先，诚如约翰·萨拉斯所言，德勒兹在 Chronos/Aiôn 之间所做的截然划分（Aiôn 是无限可分的"时刻"[instant]；而 Chronos 则是可伸缩绵延的"当下"[present]）并没有史料上的依据，相反，由于材料的匮乏、人物的繁多，我们今天所能梳理出的斯多葛派时间理论本是极为复杂甚至往往彼此抵牾。但这并不意味着德勒兹的阐释就毫无依据。历来对斯多葛时间观的阐释可以归为英美和法国这两条主线 [1]，而德勒兹所重点援引的戈尔德施密特（Victor Goldschmidt）的《斯多葛体系与时间观念》（*Le système stoïcien et l'idée de temps*）即是法国学派的代表性著作。但他由此也就陷入法式阐释的理论困境之中：其代表性人物（除了戈尔德施密特，还有皮埃尔·阿多等人）皆受到柏格森的决定性影响，强调 Chronos 作为"真实体验的时间"（le temps vécu）的优先地位。

---

[1] *Collapse III*, p. 200.

由此他们最终也都无法回避柏格森式的结论，即将 Chronos 归结为主观直觉的体验："对于柏格森，当下和过去的区分是流动的，且取决于观者的注意力水平。"[1] 虽然德勒兹从 Aiôn 中引申出的"时间的纯空形式"[2]，以及自 Chronos 中引申出的"深层的生成－疯狂"[3] 这些新颖的概念显然体现出了自己的原创性，但亦并不足以构成对此种困境的化解。

　　在晚近的本体论研究之中，我们似乎探寻到解决问题的关键线索。这尤其体现于马克·海勒（Mark Heller）在《实在物的本体论》（*The Ontology of Physical Objects*）中所提出的"四维物"（four-dimensional object）理论。他指出，以往的所谓"标准本体论"（standard ontology）皆以三维的空间物体为核心，进而将时间降为一个附属维度。比如，人们通常会说一个物体 O 带着它的完整个体性（本质性的空间特征）存在"于"（at）不同时刻。海勒则针锋相对地指

---

① *Collapse III*, p. 198. 实际上，柏格森在《物质与记忆》中所做的区分更为明确：物质宇宙之中唯有瞬时存在，只有在记忆的领域之中方有绵延。当然，后来德勒兹在《柏格森主义》中试图解决柏格森哲学中在多种绵延之间的统一性的根本难题。

② *Logique du sens*, p. 194.

③ *Logique du sens*, p. 192.

出，其实时间亦理应是物之存在的"真实构成部分"（temporal parts）①，由此就导向建构另一种截然不同的本体论之可能。他将其称为"团块本体论"（hunk ontology），因为在其中，空间之物不再仅存在于离散的时刻，而是在一个"时空区域"（filled region of spacetime）之中延伸、漫布。对照《意义的逻辑》中对两种时间性的划分，显然海勒的团块本体论给出了一条超越柏格森式的主观直觉的可行途径：首先，四维物的"时间组分"（temporal parts）显然更体现出 Chronos 的特征（有"明确的广延"[definitive extension]②），因而明显区别于标准本体论中的 Aiôn 的时间尺度（数学点式的"瞬间"[instant]）；其次，更为重要的是，四维物是充实于时空领域之中的真实存在，并不能单纯归结为主观体验。

不过，海勒并没有由此对此种物质形态进行更为深入的描述，尤其没有以事件的间隙、过渡的特性为要点对四维物的本体地位进行细致刻画。倒是在深受海勒启示的另一位思辨实在论活跃人物莫顿（Timothy Morton）的新作《实在论

---

① Mark Heller, *The Ontology of Physical Objects: Four-Dimensional Hunks of Matter*, Cambridge University Press, 2008, p. 2.

② *The Ontology of Physical Objects*, p. 2.

的魔法：物，本体论，因果性》（*Realist Magic: Objects, Ontology, Causality*，2013）之中，我们看到了这个方向的极具创意的推进。他一开始就明确否弃了传统的"机械或线性"的因果观[1]，进而提出了极为独特"神秘因果性"（mysterious causation）概念。但"神秘"并非指向着"隐藏的本质或机制"（underneath them like some grey machinery）[2]：将因果性置于物"之后"的传统立场恰恰是莫顿所要批判的，他指出真正的因果性理应展布于物"之前"（in front of objects）[3]。

这里的"之前"首先展现的恰恰是机械因果作用以之为本体论前提的感性介质和维度（sensual ether/ aesthetic dimension）[4]。这个借自哈曼的说法首先强调以时间性为本质构成维度的四维物在本体论上的优先性，进而将其存在形态描绘为"弥漫的、不可定位"（nontemporal, nonlocal）的特征（这一点显然已经超越了所谓"团块本体论"）。正是以此种以太式的介质为前

---

[1] Timothy Morton, *Realist Magic: Objects, Ontology, Causality*, Open Humanities Press 2013, p. 17.

[2] *Realist Magic: Objects, Ontology, Causality*, p. 30.

[3] *Realist Magic: Objects, Ontology, Causality*, p. 30.

[4] *Realist Magic: Objects, Ontology, Causality*, p. 20.

提，可明确定位的物之间的机械作用才得以实现。在这个意义上，莫顿（仍然沿袭哈曼的说法）指出物是"回缩/潜隐"（withdrawn）的，但这并非指向自我封闭的内在核心，而更是导向物"所从来"（from which they emanate）[1]的那个先在的模糊复杂的场域。物并非因果作用的基本单元，而充其量只是事件的痕迹或效应。正是由此，此种"在先"的神秘因果尤其展现出那种不可言传乃至无法辨识的"悖论"样态："由此看来，成为一物，即充满悖谬。"[2] 莫顿更是进一步将此种神秘莫测的"鬼魅般"（demonic）的事件逻辑界定为："换言之，为了让某事件发生，就必须在其周遭存在着如此一物，它与发生之事件了无关联。"[3]

还有哪一种存在比噪音更能彰显此种幽灵事件之神秘因果？也难怪哈曼要以噪音来描摹感性介质的基本形态。但要充分领会噪音的本体优先

---

[1] *Realist Magic: Objects, Ontology, Causality*, p. 16.

[2] *Realist Magic: Objects, Ontology, Causality*, p. 29.

[3] *Realist Magic: Objects, Ontology, Causality*, p. 32. 在《意义的逻辑》的系列30中，德勒兹亦将"幽灵、幻象"（phantasme）与"纯粹事件"（pur événement）明确关联，正由于它是游离于物理因果之外的纯粹效应，但他随后将讨论引向精神分析和语言问题，由此完全错失了从本体论上透彻理解此种幽灵因果的契机。

性，先让我们回归"何为噪音？"这个基本问题。在新近出版的《声音研究关键词》（*Keywords in Sound*, 2015）的"噪音"词条中，大卫·诺瓦克（David Novak）指出了噪音概念本身的复杂性，并将其比作从一个中心进行辐射的"轮毂"。[1] 然而，与亚里士多德在《形而上学》中对"存在"的多义性的揭示并不相同，噪音其实并不具有一个足以凝聚的同一性内核（noise resists interpretation）。[2] 它以从属的方式进行抵抗，以被压制的方式呈现自身，以背景的方式施加全面渗透的作用。换言之，我们总是首先以边缘、对立、否定的方式来理解噪音，那些描述它的修饰词前面必然带有各种否定前缀（"反"[anti-]，"非"[non-]，"无"[in-]）：比如，作为混沌无序的声音，它破坏了和谐有序的音乐形式；作为杂乱无意义的声音，它干扰着有意义的、传递信息的"信号"；作为刺耳的、吵闹的声音，它危及了健康和谐的生命状态；甚至，进而可以说伴随着工业革命的兴起，喧杂的城市空间也正在全球范围内令人扼腕地吞噬着"宁谧"的自然环境，等

---

[1] *Keywords in Sound*, edited by David Novak and Matt Sakakeeny, Durham and London: Duke University Press, 2015, p. 133.

[2] *Keywords in Sound*, p. 126.

等。那么，是否有可能从负面的描述转向肯定的界定？是否有可能将噪音从各种各样的参照背景之下解放出来，突显其本体论上的优先地位？①

诺瓦克从审美、技术和传播这三个环节来展开论述。让我们也先从噪音艺术的美学入手。如果说传统的西方音乐是以理性秩序为核心（以数学秩序为理想形态，并往往体现出宇宙论背景②），那么，噪音无非就是那些未被、无法被纳入这个形式秩序之中的边缘性的声音形态。它未必一定是嘈杂、高分贝进而体现出强烈破坏性的；相反，呼气的声音、手指触碰琴弦的声音，乃至乐音在空间之中所引发的丰富泛音等等，都是噪音形态的体现。简言之，与音乐的秩序相对照，它就是那些无序、"偶发"、"意外"（unintentional and unwanted）③的声音。但这样看

---

① "我们必须很小心地将噪音的相对和因果的含义与其绝对的、生产性的含义区别开来……绝对的噪音……是一种'无维度的深度'（a depth without dimension），但诸多维度正是从中衍生而出。"（Aden Evens, "Sound Ideas", in *A Shock to Thought: Expression after Deleuze and Guattari*, edited by Brian Massumi, London: Routledge, 2002, p. 178）

② 参见布里安·K. 艾特，《从古典主义到现代主义》，李晓冬译，中央音乐学院出版社 2012 年版。

③ *Keywords in Sound*, p. 126.

来，噪音即便在传统音乐体系之中亦并非是一个
可被忽视的次要方面，相反，唯有将噪音控制在
合理的范围之内，方能维系音乐秩序的稳定和
纯粹。

　　然而，至此我们仍然局限于音乐的形式 –
秩序（Form）的层次来理解噪音，但根据《意
义的逻辑》中的双面本体论，与形式的"高层"
（hauteur）相对的正是物质 – 运动所处的"深处"
（profondeur）。由此，当现代音乐最初试图以噪
音为突破口来尝试新的发展方向的时候，正是将
噪音视作传统音乐的形式体系向来所压制、排斥
的声音的物质实在（"Noise is a material aspect of
sound"[①]）。其中最为重要的突破点正是音色 / 音
质（timbre）。诚如米歇尔·希翁所言，"音色是典
型的传统音乐中'不可记录'（in-notable）、不可
描述的值"，以至于"顽固的音色，体现着难以
消化的观念，它是不会轻易让自己由音阶和旋律
组成的"。[②] 而传统音乐形式用以处理音色这个棘
手的物质属性的办法只有两个：要么是放任自流，
即根本不将其视作形式体系内部的一个组成要素，

----

① *Keywords in Sound*, p. 125.

② 米歇尔·希翁，《声音》，张艾弓译，北京大学出版社 2013 年
版，第 218，222 页。

进而将其完全归属于演奏者的主观诠释；要么是对其进行严格控制，将看似无限丰富的音色缩减至数量极少的可控范围。实际上，对音色的关注进而有意识地运用于创作之中，自晚期浪漫派和印象派的时期就已经开始，至十二音和序列主义的实验阶段则达致一个高峰。但这些实验仍然未从根本上动摇传统音乐的形式秩序，至多只是对这个形式系统进行拓展和丰富。

但在 20 世纪噪音艺术的先驱、意大利未来主义音乐家鲁索洛（Luigi Russolo）那里，音色则首先真正成为传统音乐的颠覆性力量，他在著名的《噪音的艺术：未来主义宣言》（*The Art of Noise: Futurist Manifesto*，1913）中所向往的正是以音色为矢量，令音乐的形式大厦自"高层"倾塌，彻底陷入混沌躁动的声音"深度"的汪洋之中。他旗帜鲜明地批驳了传统音乐形式对音色的限制乃至压制："乐音在音色上的变化是极为有限的。"[1] 即便在最为复杂的交响乐队的编制中，听众所能感受的音色也不过极为有限的四到五种：比如弦乐，铜管，木管，打击乐。而在他看来，

---

[1] *Audio Culture: Readings in Modern Music*, edited by Christoph Cox and Daniel Warner, New York and London: Bloomsbury, 2011, p. 11.

音乐的真正解放，正是向着无限丰富的噪音音色敞开（the infinite variety of timbres in noises）[1]，由此彻底回归声音的物质深度。并不奇怪的是，20世纪初众多最为先锋的音乐实验者皆以"噪音的解放"为呐喊的宣言：如瓦雷兹（Edgard Varèse）在檄文《声音的解放》（The Liberation of Sound）中亦明确呼吁，要"打开……一整个声音的神秘世界"[2]。

　　然而，在这里我们清晰地看到，《意义的逻辑》中所主导的此种高层（"形式"）与深处（"物质"）的二元对立并不足以真正揭示噪音作为"事件"的本体论特征。真正的噪音－事件是处于间隙之处的四维物，同时遵循着"回缩"与"悖论"的鬼魅逻辑："噪音的幽灵般的在场（spectral presence of noise）促迫着声音之思，而声音的此种诡异的物质持存无法被任何模式彻底压制。"[3]由此我们亦得以领悟，即便20世纪初的噪音革命在历史上体现出摧枯拉朽的变革力量，但单

---

[1]　*Audio Culture: Readings in Modern Music*, p. 13.

[2]　*Audio Culture: Readings in Modern Music*, p. 20.

[3]　*Sounding the virtual : Gilles Deleuze and the theory and philosophy of music*, edited by Brian Hulse and Nick Nesbitt, Surrey: Ashgate Publishing Limited, 2010, p. 60.

纯回归声音的物质实在却并不足以揭示噪音独立的、原初的本体地位：也即，它要么陷入深度，最终从属于物的机械因果，进而无法揭示噪音—事件本身"神秘"的因果性；要么它居于形式的对立面，但作为对抗者，它身上必然时时刻刻已然烙印上压制者的痕迹。这后一个方面亦为众多研究者认识到。比如肖恩·希金斯（Sean Higgins）在研究德勒兹哲学（主要是《差异与重复》中的"思想形象"概念）与噪音之关联的重要论文《一种德勒兹式的噪音 / 采掘抽象声音之体》（A Deleuzian Noise/ Excavating the Body of Abstract Sound）中就明确指出，即便如鲁索洛这样极端的离经叛道者，最终也难以抑制地受到形式秩序的诱惑。一个明证就是，在《宣言》之中，鲁索洛以大写的形式突出的正是"音乐性噪音"（MUSICAL NOISE）这个说法，并明确指出："我们想赋予这些多样的噪音以标准音高（pitch），由此对它们进行和声和韵律上的调整。"[1] 这里，以噪音为契机和媒介，进而重建音乐秩序的目的已经显示得无比清晰。不过，在稍晚出现（20 世纪40 年代）的皮埃尔·舍费尔（Pierre Schaeffer）所

---

[1]　*Audio Culture: Readings in Modern Music*, p. 12.

创始的具象音乐（musique concrète）流派之中，情势逐渐有了转机。新的录音器械的诞生（从78转黑胶唱片到磁带）确实使得作为"声音事件"（sonic event）之噪音艺术成为切实的可能。[1]虽然舍费尔最初的噪音探索（六首"噪音练习曲"[noise études]）最终导向"对声音的音乐化组织"（musically organizing sounds）[2]，虽然"声音物件"（objets sonores）这个基础概念多少淡化了声音事件的生成性能量，但在早期的噪音杰作（尤其是《铁道练习曲》）中，对声音的物质属性的回归和突显已然是主导性动机。不妨参考舍费尔自己对这首作品中的创作方法的凝练概括："分辨出一个要素（听它本身，关注它的结构、质地和音色）。重复它。"[3]

即便具象音乐的变革并不彻底，但它却揭示出技术—媒介在噪音艺术发端中的决定性作用。诚如帕隆比尼（Carlos Palombini）的敏锐观察，舍费尔的早期实验揭示出媒介的双重面向：一是

---

[1] *Sounding the Virtual*, p. 68.

[2] Carlos Palombini, "Machine Songs V: Pierre Schaeffer: From Research into Noises to Experimental Music", *Computer Music Journal*, Vol. 17, No. 3 (Autumn, 1993), p. 15.

[3] 转引自 "Machine Songs V: Pierre Schaeffer: From Research into Noises to Experimental Music", p.15。

对可辨识的信息的"重传"（retransmission），二是对陌生的新异信息的"表达"（expression）①。希金斯亦有近似的说法，他将第一个方面的作用概括为"复制"（reproduce），将后一个更为关键的方面概括为"生成（produces）新的声音事件"②。他更是援引柏林学派代表人物基特勒（Friedrich Kittler）的启示性论述进一步指出，如果说重传和复制最终旨在屏蔽、筛选、过滤噪音，那么，真正的创造性媒介所"表达"的则恰恰是作为声音事件之噪音。③

　　噪音作为事件，首先正是因为它是非定位（nonlocal）的四维物。如何对声音进行"空间定位"（location of sounds），向来是声音哲学中的一个核心难题。视觉图像总是与它所从来的物质个体紧密贴合在一起④，有着相对明确的边缘和轮廓。但声音则截然不同，它与声源之间的关系始终是若即若离的。换言之，它总是倾向于脱离开

---

① "Machine Songs V: Pierre Schaeffer: From Research into Noises to Experimental Music", p.14.

② *Sounding the Virtual*, p. 72.

③ *Sounding the Virtual*, p. 71.

④ 除非在一些病态的、异常的状态之中，如自闭症者的体验。可参考坦普·葛兰汀（Temple Grandin）在《图画式思维》（*Thinking in Pictures*）中的很多自述。

声源的因果限制，在空间之中漫布、延展自身的存在。[①] 在这个意义上，非定位性（nonlocality）才真正得以界定声音作为事件的本体论特征，也由此我们可以将声音作为四维物的最典型代表。而噪音更是这一特性的极致体现。它的典型特征正是以最为猛烈的强度和速度将弥漫的声音推向极限的"情动"。在《噪声的历史》第一章"噪音的本质"中，戈德史密斯详细描述了声波的物理本性及其触发听觉的生理机制。他尤其指出，虽然与光波相比，人类能够听闻的声音频率的范围要广阔得多，但濒临极限时的聆听体验仍然足以带来强烈的痛苦体验："我们能感知的最高能量的声音足以致命，但一般来讲是将上限值定在听觉体验成为疼痛的那个点上。"[②] 但他尚未提及的是，濒临低限的声音同样具有强烈的杀伤力，这即便不同于极限高频的刺痛感，但仍然是一种足以令身体秩序土崩瓦解的"眩晕感"。"疼痛"与"眩晕"，正是噪音的极限情动的高低两极。

---

① 希翁结合普鲁斯特的诗意描绘进一步指出，"确实，一些声音给我们强烈的感觉，即其所处场所并非将我们引向'其来自的地方'，而是带往'它所振荡的地方'。"（《声音》，第148页）

② 麦克·戈德史密斯，《噪音的历史》，赵祖华译，时代华文出版社2014年，第4页。

也正是因为噪音作为极限形态的声音，它才得以充分彰显事件的那种幽灵性的因果逻辑。莫顿将"幽灵性"界定为始终指向一个"回缩"的 *n+1* 的维度。而这也逐渐成为具象音乐之后的种种噪音艺术对媒介本身的幽灵形态进行揭示和探索的核心线索。甚至可以说，噪音不再沦为音乐的附属、不再仅仅作为负面的消极之物，这正是从艺术家们对媒介本身的噪音形态的探索开始。从常识的观点来看，传播的内容（信息）总是具有优先性，而传播的通道总是从属性的媒介载体。但恰恰不应忘记信息论创始人克洛德·香农（Claude Elwood Shannon）的名言："讯息的'意义'基本上无关。"（The 'meaning' of a message is generally irrelevant.）[1] 而这就要求我们逆转通道和信息的等级关系，将媒介本身置于优先性地位。那么，在媒介中真正发生的事件是什么呢？那无疑正是变幻莫测的背景噪音的汪洋。从确定的信息回归不确定的噪音事件，也正是要重新反思媒

---

① 转引自詹姆斯·格雷克，《信息简史》，高博译，北京：人民邮电出版社 2013 年版，第 215 页。

介本身的幽灵形态（始终潜隐着的n+1的维度）[1]。
声音事件才是声音物件得以被给予的本体论上的
前提。[2]

3. 白噪音、黑噪音与泽纳基斯的噪音本体论

对于媒介本身的噪音—事件，希金斯重点援
引阿尔文·路西尔（Alvin Lucier）的名作《我坐在
一个房间里》（*I Am Sitting in a Room*，1969）来
加以阐释。这个作品极为戏剧性地体现了噪音作
为干扰 → 作为背景 → 作为本体论前提的戏剧性
转变过程。一开始，媒介（这里动用的是极为简
单基础的录音设备[3]）仅仅是隐而不显的工具，它
们用来记录语言表达的信息。但日常的沟通仅停
留在这个层面，而忽视了另一个关键要点：其实
媒介本身作为n+1的维度，已然以幽灵的方式上

---

① 不妨参见拙文，《"今传尺素报情人"——跟随德里达、德勒
兹或梅亚苏探索"秘密"的诗学》，收于《法兰西评论·2016年
（春）》，第129—151页。

② *Sounding the Virtual*, p.72.

③ 设备及细节的创作过程，而参见路西尔自己的记述：*Music 109: Notes on Experimental Music*, Middletown, Connecticut: Wesleyan University Press, 2012, pp. 88-91。

演着极为复杂含混的声音事件。但如何令这个幽灵性的维度以声音的方式呈现出来？如何展现媒介本身那种不可辨识的迷宫样态？单纯放大音量是不够的，因为这只是让更多的噪音从背景进入前景，而无法改变信息／噪音之间主次等级的关系。由此路西尔构想了一个极为美妙的手法，他通过两个录音机之间的彼此轮流对录，进而不断增强背景噪音的共鸣，由此，本来处于前景的人声和语言信息越来越含混、弱化，逐渐淹没于各种噪音的混响之中——录音器械的声音，物理空间的声音，甚至还有更多难以名状的环境声音。[①]这里，本来明确可辨识的声音物件融化于浓稠的噪音介质之中，而主体有意识的控制、"创作"（compose）的活动亦被减弱至最低限，更多本来幽灵性的异样维度成为声音事件的真正主角："我以极简的方式创作。我想让房间本身来完成作品。"（I did this minimally. I wanted the room to do the work.）[②]

同样，这种以激发媒介自身共鸣的方式来突显幽灵维度的手法在晚近的噪音艺术家中亦屡见

---

① *Sounding the Virtual*, p.72.

② *Music 109*, p. 90.

不鲜。如英国的罗宾·兰博（Robin Rimbaud）就以更为极端的方式试图呈现背景噪音的幽灵在场。[1] 他的主要创作工具就是一部警用的频段扫描仪（他亦由此为自己起了 scanner 这个艺名），进而以偷窥的方式来呈现那些始终潜隐在日常沟通之后的黑暗潜流："我完成的大部分作品都基于一条背景音轨的采样，或是人们在房间里走动，或是收音机电台，或是随便什么，我让它循环，操纵它，把它用作一种材质。"[2] 显然，与路西尔单纯记录媒介的噪音事件的手法不同，兰博已经在自己的创作之中加入了控制、处理和加工。但问题在于，他并非试图赋予这些声音材料以一种抽象的音乐形式，而更是试图以介入的方式来更为生动地突显声音材质本身的幽灵向度。

对这个问题进行过最为深刻思索及引申创作的当属希腊作曲家泽纳基斯（Iannis Xenakis）。表面上看，他的创作不能完全被归为噪音艺术的范畴，因为他绝大部分作品都是学院派的实验音乐；而且，他闻名于世的所谓"形式化音乐"（formalized music）也似乎明显更为接近音

---

[1] 相关记述见 David Toop, *Ocean of Sound: Aether Talk, Ambient Music and Imaginary Worlds*, London: Serpent's Tail, 1995, pp. 33-36。

[2] *Ocean of Sound*, p. 35.

乐的形式维度，而非噪音的物质存在。但这些都仅仅是颇为表层的观察。一旦我们深入到泽纳基斯的作品深处，就会发现他对噪音之本体优先性的强调、对技术媒介的创造性中介的揭示，甚至是对噪音最根源的时间性样态的透析，都远远超越于绝大多数冠以噪音艺术家之名的创作者。即便在他那些并未动用采样声音和电子音响的学院派作品之中，对噪音这个本体向度的强调亦已经是极为明显的趋势。简言之，贯穿其创作的始终，泽纳基斯都致力于探索作为声音之极限形态的噪音。诚如伊万·琼斯（Evan Jones）的研究所揭示的，泽纳基斯作品中的极端的声响效应（a broader understanding of this effect）[1]实际上更值得关注。他尤其重点分析了 *Nomos Alpha*（1966）这部大提琴独奏作品，其中以"运弓、弹拨和弓背敲奏"（bowing, plucking, and col legno）的手法营造出了种种极限形态的音效，比如"极端的情感"（extremes of affect）、"极端的音域"（extremes of register）（尤其是差距悬殊的高频和低频音）和

---

[1]　Evan Jones, "An Acoustic Analysis of Col Legno Articulation in Iannis Xenakis's 'Nomos Alpha'", in *Computer Music Journal*, Vol. 26, No. 1, In Memoriam Iannis Xenakis (Spring, 2002), p. 73, p. 86.

"极端的音色"（extremes of timbre）。①

但泽纳基斯的噪音实验并非仅仅局限于对声音的极限物理形态的探索，若仅如此，他与那些以吵闹刺耳的大音量标榜自己的噪音艺术家并没有实质性区别。但他自己早已超越了单纯的噪音的物理属性，进而深刻触及事件那种介于高层／深度、形式／物质、意义／物体之间含混的居间形态。诚如阿格斯迪诺·迪西皮奥（Agostino Di Scipio）所言，在泽纳基斯那里，噪音并非单纯是与音乐形式相对抗的物质力量，相反，声音物质（sound material）、音乐语气（model of musical articulation）和控制结构（control structure）的三元关系才是真正的主题。② 技术—媒介的控制向度其实在舍费尔那里已然成为重要的中介环节，但它的作用只是采录、收集声音，以便对这些现成的声音物件进行音乐性的处理。但泽纳基斯则相反，对于他，"技术由此就发挥了一部显微镜的作用，揭示出声音物质的最精微的细节"③。简言之，若说具象音乐是"用"（with）声音材料来进行作

---

① "An Acoustic Analysis of Col Legno Articulation in Iannis Xenakis's 'Nomos Alpha'", pp. 73-74.

② "Compositional Models in Xenakis's Electroacoustic Music", p. 202.

③ "Compositional Models in Xenakis's Electroacoustic Music", p. 235.

曲，那么泽纳基斯的噪音手法则正可说是在声音物质"之中"（in）进行创作。[1]

　　不过，若没有一种切实有效的方式能够真正沟通形式和物质，则所谓的"在声音物质之中创作"也只能是一纸空谈。翻开《形式化音乐》（*Formalized Music*）这部皇皇巨著，里面密布着的图表和公式很难不让人怀疑是否泽纳基斯最终也无非只是一个极端的形式主义者（如序列主义）。但不可忘记的是，他所借用的很多形式模型都是源自最前沿的数学和科学发现[2]，而且其最为核心的主旨恰恰是指向最为根本的时间性难题。这又与《意义的逻辑》中通过时间性问题最终来理解事件的居间样态的思路彼此汇通。在泽纳基斯这里，技术—媒介至少体现出三个主要作用。首先当然是控制。因为无论采录设备怎样强大，它都不能完全真实地还原声音形态，在其中必然涉及取舍和遴选。但控制不等于对既定法则的运用，而是还包含着"实验"的成分（test

----

[1]　"Compositional Models in Xenakis's Electroacoustic Music", p. 203.

[2]　比如非线性、混沌理论："Compositional Models in Xenakis's Electroacoustic Music", p. 219；另外，泽纳基斯自己也在《形式化音乐》中提到"我们时代的科学思想"（Iannis Xenakis, *Formalized Music*, New York: Pendragon Press, 1992, ix）。

them in compositions①），是"探索可能的结果"
而非单纯"对音乐理念的实现"（the *realization
of musical ideas*）②，由此模式／形式与物质之间时
时处于紧密相关的联络。除此之外，泽纳基斯还
往往提到技术介入的第三个更为关键的作用，即
"发明"（"creative imagination""invention"）③。这
看似是一个可疑的说法，因为这难道不是再度将
噪音的效应还原为主观的体验？绝非如此。因为
"发明"牵涉到的是根本的时间向度，而时间性在
泽纳基斯那里（基于其对量子力学的化用）始终
是感知和声音之间无可化解的纠缠："时间作为无
形的、赫拉克利特之流，唯有在与作为观察者的
我的关系之中才有意义。"④简言之，技术的介入
本是为了揭示最为幽微的时间维度（the minimal
time units within sounds）⑤，但这并非仅仅是一个客
观的操作，而更是同时彻底改变着主观的聆听体
验乃至意识状态。

　　但迪西皮奥由此亦对泽纳基斯的创作提出了

---

① *Formalized Music*, ix.

② "Compositional Models in Xenakis's Electroacoustic Music", p. 234.

③ "Compositional Models in Xenakis's Electroacoustic Music",
　 p. 224, p. 235.

④ *Formalized Music*, p. 262.

⑤ "Compositional Models in Xenakis's Electroacoustic Music", p. 235.

一个颇为深刻的批判。他指出，泽纳基斯基于"时间部分"的最微小碎片所建构的"随机音乐"（stochastic music）模型其实恰恰扼杀了事件发生的真正可能性（event-insensitive）。这样一个系统在内部趋向于熵的最大化，进而既取消了时间的方向，亦最大限度地排除了外部环境的偶然影响。这个敏锐的洞见正可以令我们重新反思噪音艺术的事件本体论。很多学者（如哈斯维尔与海克尔）都倾向于单纯局限于德勒兹与加塔利的"生成－分子"运动来理解泽纳基斯的噪音手法。但他们似乎忽视了这个问题的复杂性。一方面，生成－分子的解域运动一定要和结域运动相互关联，前者体现出的是一种逃逸的速度矢量；另一方面，单纯停留于微观化的分子层面，则始终会面临堕入"熵的最大化（彻底无序）"的危险。也难怪仓促的听者往往只会在泽纳基斯的噪音作品中听到一种接近彻底混沌的"白噪音"的效果[1]——"'白噪音'，就是振动波谱上的所有声音皆以相同音量同时呈现"[2]。唐·德里罗在《白噪音》中亦真切描摹了此种接近死亡的状态："'你一直听得见

---

[1] James Harley, *Xenakis: His Life in Music*, New York and London: Routledge, 2004, p. 17.

[2] *Keywords in Sound*, p. 126.

它。四周全是声音。多么可怕。''始终如一，白色的。'"①

　　然而，这种濒临死亡状态的白噪音却最终引导我们对事件的本体特征进行另一种别样思索。人们总是喜欢将事件与极端的断裂、"剧烈变化"②联系在一起，而没有意识到，若我们将其理解作幽灵潜在的四维介质，则它更为根本的作用理应是弥合裂痕，修复断裂，拯救世界于濒临崩溃的边缘。它运作于每一个时间刹那的最微小间隙，看似制造了极端的断裂，但它所拆解的只是机械性的因果连接，却从根本上以神秘鬼魅的幽灵介质的方式实现了世界与意识的真实"容贯"：一种以极端"差异"为内在韵律的"重复"运动。就正如德勒兹在《差异与重复》开篇即明确区分的"纯粹差异"（différence pure）与"复合的重复"（répétition complexe）③：前者刻意求新求变，但却最终落入一团和气的"良善意志"（bonne volonté），无力对抗主导的同一性秩序；相反，只有渗透于、运作于机械重复之内在核心

---

① 唐·德里罗，《白噪音》，朱叶译，译林出版社 2013 年版。

② 斯拉沃热·齐泽克，《事件》，王师译，上海文艺出版社 2016 年，第 38 页。

③ *Différence et répétition*, Paris: PUF, 1968, pp. 2-3.

的差异动机才能真正营造极端的变革。德勒兹重
点以尼采的永恒轮回来对此加以阐释，但在 20
世纪的噪音实验之中，我们更为清晰地领悟到事
件的此种根源性的本体特征。借用大卫·刘易斯
（David Lewis）的重要概念，无论是莫顿和哈曼意
义上的幽灵潜隐的背景黑噪音，还是泽纳基斯笔
下的弥漫沉浸的混沌白噪音，其实最终皆是以事
件的方式弥合世界的最微小奇迹（reconvergence
miracle[1]）。[2]

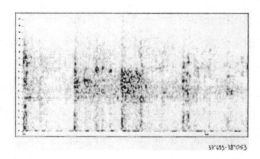

泽纳基斯作品《Concret PH》片段声波图

---

[1] David Lewis, "Counterfactual Dependence and Time's Arrow", in *Noûs*, Vol. 13, No. 4, Special Issue on Counterfactuals and Laws (Nov., 1979), p. 471.

[2] "Compositional Models in Xenakis's Electroacoustic Music", p. 209.

重复："囤积"，抑或"凝缩"？

—— 阿塔利、德勒兹与极简电子舞曲的时间性

法国思想家雅克·阿塔利（Jacques Attali）的名作《噪音》（*Bruits*）对 20 世纪后半叶以来的音乐理论研究和创作实践都产生了深远的影响。即便他所依据的主要理论背景（从阿多诺直到鲍德里亚的异化理论）今天已不再能带给读者多少新鲜感，但书中的一些天才性论断（如"音乐就是有组织的噪音"）及预言（如"作曲"将成为新的音乐网络形式）的深刻启示性却远未随时间的流逝而减弱。其中围绕"重复"（répétition）概念所展开的对当代音乐状况的批判性诊断尤为精辟，至今仍是学界争论的焦点之一。在本章中我们就试图重新反思这个重要概念，并结合德勒兹在《差异与重复》（*Différence et répétition*）中的时间综合理论及当代电子音乐中的代表性流派"极简

电子舞曲"（minimal techno）①来深入阐发其时间性内涵。

1.《噪音》：重复与囤积

将《噪音》与德勒兹的哲学（尤其是其早期代表作《差异与重复》）关联在一起，有着文本和义理上的双重依据。首先，德勒兹及其文本以明显或隐含的方式散布于《噪音》各处，构成了一个重要的参照性理论资源。其次，最为关键的是，"差异"与"重复"这一对概念实际上构成了《噪音》全书最为核心的一对范畴。

初看起来，阿塔利对这对范畴的理解和运用似乎有所偏颇，因为他的论述明显基于二元对立的模式。概括说来，重复就代表着统一性和僵化的一极，它体现为稳定的秩序，体制，"组织"，总是不断生产着"毫无新义""繁衍的雷同事

---

① 以机械冰冷的电子节拍著称，最能体现"重复"的鲜明特征。最早可追溯至德国电子音乐先锋 Kraftwerk 乐团，在 20 世纪末期，又演变出种种不同的风格，代表乐团（乐手）有 Plasticman, Monolake, Porter Ricks, Minilogue, 池田亮司等等。我们在本章中仅专注于其所体现出的时间性内涵，而不拟对相关音乐史线索展开描述。

物"①；而差异则正相反，代表着开放、创造和生成的源泉，它总是体现为混沌，暴力，无序，流动，转变的力量。二者相较，显然差异是本原，因为重复的秩序说到底无非只是对差异之力量的"规训"，它也因而总是暂时性的，时刻面临着被差异力量冲溃防线的危机。此种冲击既可以来自一种秩序内部的变异可能，亦可来自外部条件和因素的作用。阿塔利由此总结道，"没有任何一种秩序不内含失序，同时毫无疑问，没有一种失序无法创造秩序。"② 这样看来，似乎噪音和音乐的关系也就相应简化为差异和重复之间的对峙和对立关系："噪音乃是暴力。……音乐乃是噪音的一种导引。"③

但问题当然没有这么简单。实际上，噪音与音乐之间存在着极为复杂而纠缠的相互关联，唯有通过细致而广泛的社会及历史分析，方能对这一要点进行透彻理解。总体说来，音乐本身是一种中介性的过程，也即，它并非单纯偏向无序或

---

① 《噪音》，宋素凤、翁桂堂译，上海人民出版社 2000 年版，第 3 页。相似的论述还有很多，如"重复，正统化，装上框框"（同上书，第 29 页）。

② 《噪音》，第 44 页。

③ 《噪音》，第 34 页。

秩序中的某一极，而是一个不断"从混沌到有序"（借用普利高津名作的标题）的转化过程。它就像是双面的雅努斯神，一边朝向噪音的暴力，一边朝向秩序井然的社会体制。简言之，音乐总是"沟通性"的，致力于"将焦虑转换成音乐，将不和谐转成和谐"。[①] 也正是在这个意义上，音乐总是体现出一种难以消除的"含混性"，即它往往既是"整合者"又是"颠覆者"。[②] 基于历史演变的线索（四种网络），从牺牲到再现再到重复，实际上即是噪音的暴力不断被驯服、吸收和转化的过程。到了重复的阶段，噪音的暴力早已消失殆尽，从而在终极之处启示出断裂和进一步演变的可能（"作曲"[composer]）。

阿塔利的这番音乐考古学研究早已为学界熟知，在此不必赘述。我们在这里试图进一步揭示出其中隐含的时间性线索及其重要启示。实际上，虽然在文本之中所占分量并不明显，但时间性确实是阿塔利音乐哲学中一个相当核心的概念。他明确指出，"科学、信息和时间——音乐同时是上述三者。音乐的存在……它就是时

[①] 《噪音》，第 35 页。

[②] 《噪音》，第 40 页。

间。"① 反观思想史，音乐（声音）与时间总是体现出最为紧密的关联。比如，当胡塞尔和柏格森对时间性进行深刻思辨之时，声音总构成本质性例证。阿塔利也在哲学的高度上总结道，"时间穿越音乐，而音乐又赋予时间意义。"② 这样，不同的时间性特征也就相应成为理解不同音乐网络形态的重要线索。不妨从再现和重复之间的时间性比照入手。

再现网络的基础是自笛卡尔发端的理性秩序及主体性概念。因而，从其基本的时间形态来说，西方古典音乐尤其体现出近代理性主义所探寻的进步和发展的线性历史秩序："和谐的、非冲突性的、抽象的时间意象往既定路线前进奔跑；是可以预测和控制的历史。"③ 而从音乐与主体（作曲家及演奏家）之间的关联来看，它又往往构成了个体生命的真实展现（"具体而实际经验的时间"）④。因而，即便再现进一步驯服了（在牺牲网络中仍展现出暴力的）噪音之混沌，但它并未全然丧失此种混沌的力量，而是将其转化为音

---

① 《噪音》，第 9 页。

② 《噪音》，第 23 页。

③ 《噪音》，第 83 页。

④ 《噪音》，第 165 页。

乐流动之中无法消除的偶然性和变异的可能。此种可能性源自主体自身不可还原的自由意志，并进一步展现于主体（创作者）－客体（作品）的辩证关联之中。而与再现不同，重复网络逐渐摆脱了艺术家的掌控，演变为技术专家争相竞技的媒介平台。这也就最终导致在再现之中难以清除的偶然性因素在技术的重重干预和处理之下消失殆尽。[①] 此种技术化的重复音乐的"大量生产消灭了能创造价值的差异；它的逻辑是平等、扩散匿名性，因此是否定意义的"[②]。其最终的结果无非是"制造没有噪音的信息"[③]，或者干脆就是"消音"[④]。

至此，阿塔利对当代音乐状况的忧虑，厌倦甚至是绝望之情已经昭然若揭。虽然他以绝大部分篇幅所进行的批判性论述并未从根本上逾越法兰克福学派以来异化理论的基本框架，但他分析重复网络时所提及的一个重要的时间性特征却值得我们进行拓展性思索。

---

① "他的行动都是源于作曲者对偶然的操控。"（《噪音》，第157页）

② 《噪音》，第146页。

③ 《噪音》，第145页。

④ 《噪音》，第152页。

阿塔利指出，时间性的问题之所以重要，正是因为它真正揭示出"重复的一个主要的矛盾"①，也即"使用"和"囤积"（stockage）之间的矛盾。从历史演变来看，重复取代再现的一个重要起因是技术的进步，即留声机的发明和录音技术的逐步成熟。虽然留声机最初仅仅是作为权威话语的"记录"，但其在"复制"和传播音乐方面的潜能逐渐展现出来。但唱片工业的飞速发展导致了这样一个悖谬：人们花费大量的时间用来"囤积"唱片（作为商品），这样就大大压缩了"使用"（消费）唱片的时间："在大量生产商品时，人们没理由也没时间彼此交谈，或是体验他们所生产之物。"② 这里，重复的已不仅是音乐的内容或风格，甚至也不仅是音乐传播的方式和媒介，而是重复作为一种行为本身（购买－囤积）："重复本身也变成一种愉悦经验：凭借催眠的效应。"③ 显然，重复网络最终意在掌控的并不仅仅是音乐本身，而更是主体性的自由根源。它"催眠"了主体的欲望和意志，从而将其不断纳入到循环往复的生产和消费之中。正是在这个意义上，阿塔

---

① 《噪音》，第138页。

② 《噪音》，第165页。

③ 《噪音》，第171页。

利敏锐地评论道，重复的网络最终致力于"需求的生产，而非供给的生产"①。简言之，生产怎样的音乐或许并不重要，重要的是要让主体不断地、重复地产生拥有、囤积的"需求"。

但无论怎样缜密的网络也仍然有裂痕，无论怎样延展的网络也仍然会触及边界。看似重复的网络将整个社会的方方面面乃至日常生活的每个细节都囊括进无限重复的"背景音乐"之中，但它仍有其极限。换言之，总有一些时间是必须被"使用"，而无法被"囤积"的。这无疑就是死亡之时间。②虽然重复网络不断营造着死亡的"拟像"（simulacre）：死亡金属，哥特摇滚，末日黑金等等几乎不间断地为我们营造着死亡的氛围，但看着僵尸们拿着吉他和麦克风涌向前台，死亡的体验却似乎从未变得如此陌生。借用吉登斯的说法，惯性的、重复的程式构成了一道密不透风的"本体安全"的屏障（《现代性与自我认同》），隔断着我们与死亡这样的终极体验之间的真切关联。或用鲍德里亚的话来说，死亡已经变为"消

---

① 《噪音》，第 141 页。

② 说"死亡之时间"看似悖谬，但诚如海德格尔在《存在与时间》中所启示我们的，死亡不再是时间的终结，而反倒是敞开时间的种种可能性向度的终极界域。

除了一切人类噪音的无尘空间"①。

2.《差异与重复》: 重复, 凝缩, 与主体性生成

至少就重复网络而言, 阿塔利给我们描绘的图景是灰暗的。虽然他接下来通过预言"作曲"网络的出现而探寻着超越之途径, 并同样将此种可能性归结于时间性的转化: "作曲解放了时间, 使之可以是活生生的经验, 而非囤积之物"②, 但这些过于简要的提示和模糊的论述却显然无法带给我们进一步的启示。

倒是在阿塔利亦重点参照的鲍德里亚著作之中, 我们找到了一个深入理解的契机。在《物体系》之中, 鲍德里亚着重从时间性的角度分析了"使用"和"收藏"("囤积")的差异, 颇令人回味。阿塔利认为囤积的唱片不再有时间被使用, 从而既丧失了其自身的意义, 亦从根本上失去了与主体之间的深刻关联。而鲍德里亚的见解显然正相反: 被收藏、囤积的物品不再被使用,

① 《象征交换与死亡》, 车槿山译, 译林出版社 2009 年版, 第257 页。

② 《噪音》, 第 199 页。

恰恰说明它脱离了日常的功能性系统（对象—工具—用途），从而与主体之间建立起一种更为微妙而复杂的情感维系："拥有，永远是拥有一样由功能中被抽象而出的事物，如此它才能与主体相关。"[①] 这样说来，囤积而不聆听，或许恰恰是竭力挣脱压抑性的重复网络的一种扭曲的情感释放。唱片退出了生产–消费的重复循环，变为一件为私人赏玩的独特物品。而一旦被囤积和收藏起来，音乐的时间性特征亦发生了戏剧性变化："收藏最基本的功能：将真实的时间消融于一个系统反复的维度之中。……它将时间记录为一个一个的固定项，以便可以往复逆转地把弄它。"[②] 因而，收藏的时间断然不是真实的生命时间，而是化为一种空洞而苍白的"重复"：每一个时刻都失去了它独特的生存厚度，而蜕化为可随意把玩的一个个"项目"。这里，鲍德里亚似乎说出了《噪音》中最为关键的潜台词：重复网络的真正症结恰恰在于将时间空间化了，换言之，通过将时间化为可逆的、并列的共时之项，来逃避、遮蔽、抗拒真实时间的流动。这是一种根源性的焦

---

① 《物体系》，林志明译，上海人民出版社 2001 年版，第 100 页。

② 《物体系》，第 110 页。

虑。或许囤积活动之中仍体现出一种"主体性",但却是与真实时间失却了维系,而仅仅浮游于时间"表皮"之上的虚幻、苍白而空洞的主体性。

鲍德里亚看似为阿塔利的叙述画上了完美的句号。但是否果真如此?

或许我们应该转换一下视角,不再纠结于历数重复网络的种种罪孽,而是真正回归到重复性的音乐作品本身,进而探问它的重复性到底意味着什么,又与主体之间存在着怎样内在的关联。

2.1 重复中的差异:"凝思"与"凝缩"(contraction)

阿塔利认为,重复网络通过逐步将创作者的主体排除在外而最终扼杀了差异。若这样看来,似乎没有哪一种音乐如极简舞曲那样将此种"机械性"的重复发挥到极致。那一记记单调反复的(由鼓机或电脑发出的)敲击似乎全然失去了任何人性的"创作"特征,就像钟表的滴答走时,或心脏的怦然跳动,将纯粹的"重复"不加任何掩饰地传达至我们的鼓膜,令人麻木而催眠。但这真的就是完全"消音"的、彻底消除了差异可能的"重复本身"（répétition pour elle-même）① 吗？
这恰恰是《差异与重复》中第一种时间综合要回
答的核心难题。

这个问题亦可表述为：重复如何可能制造差
异？或，在机械的、钟表般的重复之中，到底有
什么变化的东西产生？沿循着德勒兹的思路，我
们可以将重复节拍的特征描述为：首先，不同节
拍之间看似全然没有任何内在关联，它们因而是
相互独立的（indépendance）；其次，每一个节拍
都是纯粹的"当下"，就像是一个全然没有广延的
点，因而它们的变化方式就是彻底的更迭和取代，
即后一拍的出现（进入"当下"）也即意味着前一
拍的彻底消逝（离开"当下"，成为"过去"）。②
但难题在于，既然如此，你如何又能够能"听"
出前后节拍之间形成了一条线性的"序列"（而不
仅仅是一些彼此离散的点），并进一步断言后一拍
就是对前一拍的"重复"，进而所有节拍之间都是
全然"相同"（le même）或相似？唯一可能的回

---

① 亦是《差异与重复》第二章（集中阐释时间的三种综合）的标
  题。诚如 James Williams 所言，这里用"pour"（英文的"for"）
  而非"en"（英文的"in"），更意在突出重复的"条件"而非重
  复的"对象"，见 *Giles Deleuze's Philosophy of Time*, Edinburgh
  University Press, 2011, p. 22。

② Gilles Deleuze, *Différence et répétition*, Paris: PUF, 1968, p. 96.

答就是，节拍（及其所占据的"当下"时刻）本身不可能滞留（否则它们之间就不会彼此更迭），但它们确实在聆听者的意识之中形成了滞留，并进而构成"重复"的序列。换言之，重复不是声音本身的特征，而恰恰是声音在意识和心灵之中所留存的"痕迹"、营造的"效应"。这样，重复确实制造出变化和差异，但却仅仅是在"对其进行凝思（contempler）的心灵之中"。[1]"凝思"这个源自普罗提诺的概念用在我们当下的讨论语境中十分生动，因为重复节拍对聆听者的意识所形成的最为明显的效应往往就是一种近乎催眠的"出神"或"冥想"的状态（trance）。

　　"凝思"启示出重复的声音与主体之间的一种本质性关联，从而敞开了一条迥异于《噪音》式的思路。对于阿塔利和鲍德里亚来说，面对无处不在、无所不包的重复网络，主体只有两种"可能"，要么进入其中，随波逐流，要么挣脱其外，沉迷于"囤积"和"收藏"。前一种可能导向主体的消亡（沦为重复生产的一个环节），后一种可能则只能维系一种虚幻的主体性。"凝思"则让我们明白，仍存在着第三种可能：差异的契机不必

---

[1]　*Différence et répétition*, p. 96.

在别处寻找，而恰恰是在于重复的音乐在心灵之中所营造的变化效应。主体在重复之中被建构起来，或者说，我们在聆听的体验之中生成—主体（devenir-sujet）——这或许是德勒兹的第一种时间综合带给我们的最为关键的启示。

那么，具体说来，"凝思"是一种怎样的聆听状态呢？首先是一种"期待"（attendre）的状态。重复节拍在意识中所形成的"敲击""撞击"的"力度"或"力量"（poids, force）① 是不同的。最强的总是当下的一拍，而它的出现，除了对意识形成直接冲击，还同时激发心灵对下一拍的强烈期待和渴望。换言之，看似机械重复的节拍之间并无关联，相互独立，但紧邻的节拍（最基本的是前后两个节拍）之间确实在心灵之中营造出一种紧张而兴奋的"期待"之情。② 我们看到，在更为高阶的心灵能力（记忆、辨识、判断、反思等等）介入之前，心灵已经有着一种源始的"综合"能力，即紧邻的当下时刻之间所形成的"凝缩"

---

① *Différence et répétition*, p. 97.

② 就比如我们在聆听时钟之时，不是单纯将其听成"滴—滴—滴—……"的单纯重复，而总是"滴答—滴答—滴答……"（进而可能演变为更复杂多变的模式）的极简的凝缩单位。

效应。① 这些时刻并非仅仅是个别的、离散的点，而是已经基于其自身的重复运动而形成了初始的"境况，事件"（cas）乃至（更具普遍意义的）"结构"。因而，重复之当下—瞬间并非仅仅是机械的，单调的，或许正相反，它才是真正的"实际经验的"（vécu）或"活生生的"（vivant）当下。② 与后两种时间综合相比，第一种综合始终是围绕着"当下"维度展开的，但因而也就对心灵更具有直接、强烈、原生的作用，而且伴随着心灵的紧张和期待状态形成了非常鲜明的指向、涌向"未来"的方向感。可以说，在这个源始的维度上，时间是带着其纯粹的重复强度呈现的（"音乐必须被倾听为一个纯粹的声音－事件"③）。而德勒兹进一步指出，"时间之空间化"（l'espace du temps）的活动只有在随后的反思阶段才会出现。④ 这显然与前文提及的鲍德里亚关于收藏的

---

① 德勒兹援用休谟的说法将其归为想象的作用。但对于我们目前的讨论来说，只需理解此种心灵的效应即可，而不必过多牵涉认识论问题。

② *Différence et répétition*, p. 97. 我们看到，这又与阿塔利对再现和重复网络的时间性差异所做的分析形成鲜明对照。

③ Philip Glass 语，转引自 Wim Mertens, *American Minimal Music*, translated by J. Hautekiet, London: Kahn&Averill, 1983, p. 88。

④ *Différence et répétition*, p. 98.

主体性的论述相映成趣：虽说囤积和收藏总是一种逃避，但它却并不仅仅是一种出于无奈和绝望的虚幻慰藉，而更是体现出当心灵无力直面时间的那种原初的重复强力之时，退避至自己所营造的"抽象"体系之中对其进行"反思"或"再现"（représentation）的苍白努力。

此种时间的原初综合并非仅仅发生于意识之中，而更是从根本上揭示了人作为肉身—机体（organisme）的在世方式。它不仅是心灵的效应，而更是心灵与物质世界之间的"谐振"（résonance）。遍及世界从宏观到微观的种种层次，到处都能够"听"到时间的此种重复运动：呼吸和脉搏的律动，波浪和潮汐的往复，光和空气的波动，乃至深入到细胞和原子的振动，等等等等，所有这些都交汇在一起，在肉体－物质的层次上形成了世界时间的原始节拍。"一种我们自身所是（nous *sommes*）的原初感性。……我们就是凝缩的水，土，光与气。"[1] 或许也正是在这个意义上，美国极简主义音乐大师菲利普·格拉斯（Philip Glass）在其代表作《失衡生活》（*Koyaanisqatsi*）之中就以"重复"为主线描绘了整个世界的基本

---

[1] *Différence et répétition*, p. 99. 斜体字为原文所有。

律动。迈克尔·加洛普（Michael Gallope）亦结合德勒兹的尼采阐释凝练地概括道："这就是生命之所为——它重复着。但它从来不根据相同、同一或相似的逻辑而重复。正相反，它仅仅重复着差异之产物（production）。"①

这样看来，同以"重复"为鲜明特征的极简电子舞曲与极简派先锋音乐指向着同样的本体根源。默滕斯（Wim Mertens）在研究极简音乐的经典之作《美国极简主义音乐》（*American Minimal Music*）之中就在时间性的意义上深刻揭示了此种根源。他的主导思路是将菲利普·格拉斯、拉·蒙特·杨（La Monte Young）、泰瑞·莱利（Terry Riley）等为代表的极简音乐与传统所谓"辩证性（dialectical）音乐"进行对比，强调前者清除了后者所特有的那些戏剧性的展开、复杂的结构，以及由此所展现出来的鲜明的目的性（finality），从而回归至纯粹的音乐和声音本身，并呈现出一种看似无穷无尽的重复运动。默滕斯明确指出，重复音乐当然不是"再现"的（既不是外在秩序的再现，也不是任何内在情感的表现），但（与阿

---

① "The Sound of Repeating Life", in *Sounding the Virtual: Giles Deleuze and the Theory and Philosophy of Music*, edited by Brian Hulse&Nick Nesbitt, Surrey: Ashgate, 2010, p. 80.

塔利正相反）这并不是其先天的缺陷，而恰恰是其全部力量所在。重复不意味着单调，而是时刻更新的不断创造，敞开着多向、多变的维度和方向。[1] 默滕斯似乎比德勒兹更进一步，他指出此种独特的时间性不仅是先于记忆和反思，甚至可以说是反-记忆的。聆听一部有着主导性的发展结构的传统音乐"作品"（work），记忆起着至关重要的作用，正是它将过去与当下贯穿在一起，并指向一个明确的未来方向。与此相对，在不断重复的节拍和韵律的作用下，聆听是"随兴的""无目的的"，由此形成一种"深入未来的记忆"或"向前的记忆"（forward recollection）[2]。在这里，记忆不再是一种单纯的留存和复制，而是变为朝向未知方向的创造性过程，是心灵带着期待、紧张和渴望向着未来的多元投射。

2.2 "朝向未来的记忆"：重复、需求和主体性的生成

看似重复性的极简音乐充满着解放性和创造性的能量，但默滕斯却异常敏锐地揭示出其中所

---

① *American Minimal Music*, p. 89.

② *American Minimal Music*, p. 90.

隐含着的主体性悖论。与德勒兹的论述一致，极简音乐的一个重要向度即是对听者心灵产生独特的"效应"（"凝思"）。但难题在于：一方面，重复将聆听者从再现的束缚中解放出来，令他直面开放性的、不确定的未来，从而激发出他的创造性和主体自由（去编织、去"记忆"自己的未来）；但另一方面，如很多极简音乐家自己也坦承的，他们更关注音乐和声音本身的运动发展，而听者似乎仅仅是一个被动的接受作用者（"音乐存在着，以自己的方式听闻于人，而不求符合听者的需要。"[1]）。这里，主体性根源的主动／被动的悖论彰显出来。

这个难题在德勒兹的论证之中同样存在。前面已经提到，他启示出不同于阿塔利和鲍德里亚的第三种理解主体的可能，即在重复所产生的差异效应之中理解主体之生成。但"效应"是心灵被动体验的结果，而"生成"则是主动建构的运动，二者如何协调？这就进一步涉及"自我"的问题。心灵通过凝思和凝缩的机制从重复之中"提取"（soutirer）差异，此种原初的综合作用虽然先于记忆和反思的精神官能，但仍然不能说它

---

[1] 《噪音》，第 159 页。

是全然自发地、被动地进行的。因为总可以（并应该）进一步追问：是"谁"在制造差异？又是"谁"在进行综合？我们看到，第一种综合可以在不同的层次上进行（形成普遍性的不同等级），最简单、基本的是从单一的时刻到凝缩的事件（从"滴—滴—滴—……"到"滴答—滴答—滴答—……"），而更进一步可以从微观到宏观形成不同层次的共振，从心跳的脉搏直到宇宙的周期。即便就从聆听的体验来说，亦已经存在着不同层次、不同方式或（更为重要的是）不同时长（绵延，durée）的综合。而"差异"正是蕴生于这种种不同的重复秩序之间，体现出它们彼此相生相成的转化运动。[1] 然而，单有综合的运动只是一方面，还必须有"进行"综合的施动者（agent），以及作为综合的统一性条件的"自我"。可以说，每有一种综合（无论怎样短暂和微观），就对应着一个"自我"的诞生。此种自我虽然不再是笛卡尔的"我思"（Cogito）意义上的反省主体，但它仍然是意识的统一性的条件。只不过与"我思"相比，此种生成性的"自我总是多元"（pluraliser le moi）[2]、多变、微观的，因而德勒兹亦生动地

---

[1]　*Différence et répétition*, pp. 103~104.

[2]　*Différence et répétition*, p. 107.

将其称为"微－我"(petits moi)[1] 或"幼－主体"(sujets larvaires)。

微我生灭不定，其综合的力度就体现于其凝思的能力，或对重复的时刻进行凝缩的能力。也正因此，微我的综合是不稳定的，总是倾向于瓦解和变异。阿塔利曾指出，重复网络"经常造成失序：在重复之中，必须花费更多有价值的东西来维持秩序"[2]。虽然他并没有触及自我的问题，但显然已经洞察到重复秩序内在所固有的、不可根除的不稳定性。德勒兹进一步描述了微我综合的两个面向：一方面，无论此种综合如何短暂而多变，但它毕竟于重复之中营造出差异，"提取"出新的东西，因而伴随着期待和渴望总有一种创造性的、充实的快感(jouissance)[3]；但另一方面，

---

[1] *Différence et répétition*, p. 103.

[2] 《噪音》，第 43 页。

[3] 罗伯特·芬克（Robert Fink）在其近作 *Repeating Ourselves: American Minimal Music as Cultural Practice* (University of California Press, 2005) 中结合当代极简音乐的发展深入反思了阿塔利的"重复"概念，并由此区分了有着明确的结构和目的的传统音乐（他将摇滚亦纳入其中）所产生的"愉悦"（plaisir）与重复的极简派先锋和电子音乐所产生的"快感"（jouissance）（Ibid, p.37）。他尤其指出，"快感是不可言喻的（inarticulate）……唤起激情的渴望和强烈的焦虑"（Ibid），这又与德勒兹对"期待"和"疲惫"的分析颇为吻合。

正是因为微我的力量有限，它总是容易陷入失去综合和掌控的境况之中，这时即呈现出一种"疲惫"（fatigue）[1] 的样态。疲惫并非厌倦，而仅仅是凝思和凝缩的力量的衰减或蛰伏。如果说凝缩的时刻是"期待"，那么疲惫的时刻就是"需求"（besoin）。而"当下，则伸展于两个需求之间，并与一次凝思所绵延的时间相融合"[2]。

　　这里，德勒兹对"需求"的分析又与阿塔利在囤积活动之中所重点提示的需求概念有着明显差异。阿塔利指出，重复网络最终意在掌控人的欲望，将重复的"需求"置于主体的根源，从而令其陷入一种不停渴欲的状态（"想要更多"[I want more]），彻底成为重复生产的被动傀儡。鲍德里亚提及的收藏似乎是囤积的另一种极致变样，即绝望地以一种虚幻的方式来掌控对象，进而掌控时间，但最终所显露的只是主体内在的空洞和苍白。而德勒兹所论述的期望—需求的辩证运动则显然不同，因为它所呈现的并非自我的缺席或退场，而恰恰是其在时间的张弛涨落（凝缩—释放，凝思—疲惫，期待—需求）之中所呈

---

[1]　*Différence et répétition*, p. 105.

[2]　*Différence et répétition*, p. 105.

现出的生灭节律。正是在此种多变而多样的节律之中，差异才得以展现，自我也才不断得以重获新生。对于德勒兹，自我的根源亦是一种"拥有"（on n'est que ce qu'on *a*）①，但此种拥有不再指向客观的一极（对现成对象的简单累积），而是指向更为根源的主体的生成运动：通过凝缩和凝思来营造差异的期待和渴望。"我"不再想拥有更多的"东西"，而只想拥有更多的"时间"。但更多的时间并不意味着"更长"的时间，而仅仅意味着更为强烈、纯粹而直接的时间效应。正如英国极简舞曲先锋乐团"伏尔泰酒馆"（Voltaire Cabaret）的名曲《24-24》（收于 1983 年专辑 *The Crackdown*），在冰冷重复的机械节拍所铺陈的低音背景之上，不断重复的、具有窒息和压迫感的"24，24，一天 24 小时"这句人声所透露出的不可遏制的生命冲动和渴望。

阿塔利曾提到，重复网络亦存在极限，即无法被囤积的死亡体验。换言之，死亡是重复网络想竭力纳入其中但始终无法彻底同化的边界。但对于凝思—凝缩的生成运动来说，情形则正相反。微我的生灭伴随着时间的涨落，因而死亡的体验

---

① *Différence et répétition*, p. 107. 斜体字为原文所有。

始终已经铭刻在于重复中析取差异的运动之中。但在这里，死亡不再是终极的界限，而是暂时性的蛰伏和过渡阶段，是与微我的生命共同游戏的时间要素。阿塔利曾在一处明确提及重复的生成性力量根源："即便噪音包含了死亡，它的本身仍带有秩序；它带着新的信息。……在纯粹噪音中或者在无意义的重复中，经由未经导引的听觉，一种信息这种意义的缺席解放了听者的想象力。"[①]在重复之中，一切经由凝思综合所形成的"秩序"总是暂时性的，总是趋于衰减和消亡，但此种趋于死亡的体验并非仅仅是否定和破坏性的，而是同样也启示着新的生命和意义诞生的契机。这样看来，重复倒是更切近于噪音的混沌根源而非相反。

3. 一点余论

在艺术评论领域最早对极简主义发起的批评大概当属迈克尔·弗雷德（Michael Fried）发表于1967年的挑战性檄文《艺术与物性》，而十年之后出版的《噪音》则无疑在音乐批评领域与之呼应。二者的命运也颇为相同。虽然两位大师皆以

---

① 《噪音》，第43页。

深刻洞察力著称，但他们的批评皆未能起到实质性的作用，极简主义在之后半个世纪的全面兴盛足以构成有力的反驳。究其原因，或许正是因为他们本身作为批评者却从未对批评对象（极简主义艺术作品）进行深入的反思和考察，基本上都是简要描述之后就匆忙定性。这也是他们最为后世论者诟病的一个重要方面。况且，就其所仰仗的理论背景来说（弗雷德追求着柏拉图式的纯粹本质 ["在场性"]，而阿塔利则对于主体性概念怀着浓重的乡愁），似乎都无法真正切中极简主义的精髓。

晚近学者对极简主义音乐的理论兴趣似乎越来越高，默滕斯和芬克的作品都是其中的出色代表作，前者着重于音乐史，而后者偏重精神分析，都显现出一定深度。而我们在本文中选取德勒兹第一种时间综合的概念意在启示一个别样的视角。固然，这第一种综合并不足以涵盖时间性的全貌，况且其自身亦有着根源性的悖论[1]，但却能够赋予极简音乐的重复性特征一个相当深刻的哲学说明。如何将哲学洞见与艺术创造结合在一起，德勒兹提供给我们一个可贵的线索。

---

[1] *Différence et répétition*, p. 108.

作为"想象理性"(imaginative rationality)的隐喻

—— 自博纳富瓦的诗意聆听辨析莱柯夫的隐喻理论

隐喻在诗歌创作、赏析和评鉴之中的重要作用历来为人们所关注。但如何理解此种作用，却始终存在着种种分歧。美国当代著名语言学家、认知语言学派的代表人物乔治·莱柯夫（George Lakoff）（及其合作者）自 20 世纪末开始的一系列关于隐喻的研究深刻地改变了人们对于隐喻的种种陈见和偏见，值得我们认真深入反思。围绕他的基本论点，国内外已有广泛深入的讨论，在此不必赘述。本文试图结合一个具体案例来对其诗歌隐喻理论进行引申性辨析，并由此探寻聆听作为基本的本体隐喻的可能性。

一、莱柯夫论诗歌隐喻

1. 基本疑难

在成名作《我们赖以生存的隐喻》（*Metaphors We Live By*）中，莱柯夫与约翰逊（下简称L&J）已经颇为雄辩地证明了隐喻在我们的思维和行动之中的根本地位，从而确认了隐喻作为一种根本的认知形式而非单纯语言修辞手法的重要作用。但当我们带着这些洞见转向对诗歌隐喻的分析之时，仍存在着一些疑惑有待澄清。一个根本的问题就是：是否可以（或应该）对诗歌进行概念结构上的分析？通观莱柯夫与特纳（下简称L&T）在《不只是冷静的理性》（*More Than Cool Reason*）一书中的分析，读者难免会有些许疑问：即便其中的分析怎样细致、严谨、自洽（consistent）[1]地描述了诗歌中的基本隐喻及其相互之间的推演（inference）及映射（mapping）关系，但它是否遗失了诗歌中最为珍贵的东西？换言之，在此种理性化的审视目光之下，一首优秀诗歌中最为迷人的那种神秘莫测的意蕴或充满惊奇的震

---

[1] 莱柯夫（及合作者）著作中的重要概念和语汇皆在括号中标出英文原文，下同。

撼几乎荡然无存。

　　L&T 对此当然有着清醒的意识。但在他们看来，此种对于诗歌的流俗见解亦体现出《我们赖以生存的隐喻》中已经着力批判过的 "主观主义" （subjectivism） 的种种症结。[1] 也即，将诗歌隐喻归结为极端私人的感觉和想象，由此强调诗歌的不可 "解" 乃至不可 "说" 的神秘。基于 L&T 的论证，此种流俗见解实际上恰恰贬低了诗歌本应具有的价值和作用，因为它最终将诗歌的创作和鉴赏抽离于我们的生活，并将其局限于狭隘的范域 （诗人的游戏） 之内。既然隐喻对于我们的生存起着本质性的结构化 （structuring） 的作用，而诗歌又往往是隐喻生成和运作的最佳试验场，那么，诗歌隐喻的深刻影响就绝不应该被低估。L&T 进一步指出，不能将诗歌隐喻片面归结为主观或客观的任何一极，而应认识到它游弋于理性和想象之间的那种中介地位 （a third choice） [2]。隐喻的根源在于基本的概念认知结构，但当它们以想象的方式来对概念的内涵进行 "部分性" （partially） 地推演、拓展和引申之时，却同样展

---

[1]　George Lakoff and Mark Johnson. *Metaphors We Live By*, Chicago: The University of Chicago Press, 1980, pp. 188-189.

[2]　*Metaphors We Live By*, p. 185.

现出充分的自由和开放性。

虽然这些洞见所产生的深远影响是激动人心的（可参见《我们赖以生存的隐喻》2003年补充的后记），但其中亦显露出莱柯夫诗歌隐喻理论的一个根本症结。他虽然在一定程度上将自由归还给了诗人，但此种自由的局限性仍然是十分明显的。从根本上说，诗人从来不会是新隐喻的创作者，而至多只是对既有隐喻进行不同调制的工匠而已："一般的概念隐喻因而并非个别诗人的独有创造，而毋宁说是一种文化的成员用以对其经验进行概念化的某种方式。"[①]L&T在别处亦多次或明或暗地肯定这一基本点，但正是从这里足以生发出一系列的批判性质疑。还是让我们结合他们的具体阐释来澄清这一疑点。

关于新意义的创生，在《我们赖以生存的隐喻》中已经有所涉及，而在《不只是冷静的理性》之中，则有着进一步的细致描述。比如，他们谈到诗人是如何利用那些"基本"隐喻（书中更用"common""basic""conventional"等词来形容此种基本性），将它们"组合，拓展，并

---

① George Lakoff and Mark Turner. *More Than Cool Reason: A Field Guide to Poetic Metaphor*, Chicago: The University of Chicago Press, 1989, p. 9.

结晶于有力的意象之中"①。在后文，他们进一步将诗人处理隐喻的手法归结为拓展（extending）、精制（elaborating）、质疑（questioning）和构织（composing）这四种。②但即便是最后一种自由度最高的构织最终仍无非是对基本隐喻的不同排列组合而已。L&T似乎也觉得这样的分析过于限制了诗人的自由，所以多少安慰性地补充说道："数量相对较少的基本概念隐喻可以被概念性地组合，并由此表达于无限丰富的语言形式之中。"③（1989：51）

显然，诗人仍然没有获得创造新的基本隐喻这一根本权力。由此我们不得不在其文本中去探寻一些隐约的启示，以期引导我们对此进行别样的思索。首先，L&T确实在以上的隐喻手法之外又提及了一种无法归类的"非同寻常"（unusual）的创造途径④，但随后对其却几乎无所涉及。这一方面是因为，既然"非同寻常"，自然无从、也不必对其基本规则进行细致界定和解析；但另一

①　*More Than Cool Reason: A Field Guide to Poetic Metaphor*, p. 51.

②　*More Than Cool Reason: A Field Guide to Poetic Metaphor*, pp. 67-72.

③　*More Than Cool Reason: A Field Guide to Poetic Metaphor*, p. 51.

④　*More Than Cool Reason: A Field Guide to Poetic Metaphor*, p. 54.

方面，这里也恰恰揭示出莱柯夫诗歌隐喻理论的局限之处。以至于 L&T 最终也不得不从"别处"（"语音、句法或别样 [otherwise]"）[1] 去补充性地说明此种非同寻常的根源。

2."基本"隐喻及其哲学内涵

诗人真的无法染指基本隐喻吗？要真正回应这个问题，必先理解何为基本隐喻，它们到底又为何"基本"。可以从两个方面对此进行解释。

首先，从功用上说，一个隐喻是基本的，意味着它是"概念上不可或缺的（indispensability）"[2]，或它的运作总是"约定性的，无意识的，自发的"[3]。之所以如此，正是因为基本隐喻往往和前语言、前概念的具身认知能力紧密结合在一起。在《我们赖以生存的隐喻》中所列举的三种基本隐喻（方位 [orientational]、本体 [ontological] 和结构 [structural]）之中，第一种指向肉身及其与空间的关系，而第二种则是基于彼此分立（discrete）的肉身及由此衍生出的内／外

① *More Than Cool Reason: A Field Guide to Poetic Metaphor*, p. 55.

② *More Than Cool Reason: A Field Guide to Poetic Metaphor*, p. 56.

③ *More Than Cool Reason: A Field Guide to Poetic Metaphor*, p. 80.

边界的复杂关系。① 由此，隐喻之根在于非隐喻性的在世经验。在这个基本的具身认知的层次之上，诗人的想象确乎无用武之地。

但在由源自基本经验的基本概念隐喻向着更为普遍抽象的概念的运动过程之中，却展现出一种不可缩减的开放性。L&T 在文中对谚语（proverbs）的隐喻性意义的生成运动的描述带给我们重要启示。"对谚语的理解，总是要相关于一定的预设和价值所构成的背景，在不同的背景之下，同样的隐喻可以引向迥异的解释。"② 可见，虽然谚语亦可以归结为隐喻的一种，但其运作方式却多少相异于莱柯夫的概念隐喻理论的一般原则：根据后者，隐喻之间的推演关系最终是围绕更为抽象复杂的概念展开的，具体的、与经验更直接相关的基本概念通过隐喻关系对抽象概念的丰富内涵进行部分性展现；而对于谚语来说，方向则似乎正相反，是从具体的概念隐喻出发，在不同的 "背景" 之下被引向不同的方向。但仔细想来，此种自下而上的运动亦并非仅仅局限于谚语的情形。在诗歌隐喻的运作之中，不同的价值

① *Metaphors We Live By*, p. 17, 25, 29.

② *More Than Cool Reason: A Field Guide to Poetic Metaphor*, p. 187.

预设和（更为普遍的）哲学原则不是每每也已经在发挥着根本性的中介作用？在不同的哲学背景之下向着未知方向开放，这或许才是诗人创造新隐喻的"非同寻常"的方式。实际上，L&T 亦花费整章的篇幅讨论了"宏伟的存在之链"（great chain of being）这个重要哲学背景，但这番烦冗枯燥的论述却并未能有效揭示哲学与隐喻的真正关联。

就这一要点，还是保罗·利科在其经典之作《活的隐喻》中给出了相当重要的提示。在总结性的最后一章，他一开始就明确强调将哲学思辨和诗歌隐喻相互区分的必要性：二者之间不存在"直接的过渡"①。因而，仅仅意图以哲学的方式来"复现"（reproduire）诗歌的隐喻（莱柯夫的理论多少接近这一点）是不充分的，更为关键的是要揭示诗歌隐喻之中所展现的独特的哲学思维形态，将隐喻的"语义潜能打开其他的表达空间，即思辨话语的空间"②。

以往将"哲学话语"和"诗歌话语"关联在

---

① 保罗·利科，《活的隐喻》，汪堂家译，上海译文出版社 2004 年版，第 353 页。同时参考法文版 Paul Ricœur, *La métaphore vive*, Paris: Éditions du Seuil, 1975. 下文仅标注中文版页码。

② 《活的隐喻》，第 411 页。

一起的纽带正是"类比"，而利科结合思想史的线索证明类比概念在哲学思辨中其实并不占有核心地位。[1] 他接下去结合海德格尔的《理由律》一文指出哲学思辨与诗歌隐喻相平行的另一种可能性，更值得我们思索。类比最终旨在实现不同领域或等级之间的统一性和连续性，而实际上，哲学和隐喻都意在实现从一个领域向另一个领域的"逾越"（trans-gression）或"转移"（transfert）[2]，这其中的关键机制是"断裂"而非"连续"。柏拉图最早将此种转移描绘为心灵"由感性向非感性的形而上学转移"（所谓"第二次航行"），与此相对应，诗歌隐喻亦是"由本义（propre）向转义（figuré）的隐喻式转移"[3]，也即，从具象向抽象的转移。如此看来，在这两种运动之间似乎存在着颇为完美的对应，这也是为何在经典哲学体系的根源之处都能发现典型的隐喻（比如柏拉图在《理想国》中的"太阳"隐喻）。但结合黑格尔的"扬弃"（Aufhebung）概念和德里达在《白色

---

[1]　实际上，在《我们赖以生存的隐喻》之中，L&T 也指出，隐喻要比类比更为根本。是隐喻创造出新的类比关系，而并非是以类比为前提才能构成隐喻。尤其参见"相似性的创造"（The Creation of Similarities）一章。

[2]　《活的隐喻》，第 357 页。

[3]　《活的隐喻》，第 392 页。

神话学》中所描绘的"损耗"（usure）运动来看，此种对应并非完全和彻底的。毋宁说，哲学思辨只是在隐喻所敞开的丰富而广大的思索空间之中选择了一种可能的途径而已。[①] 换言之，隐喻的活力和生命并非全然"耗尽"于既定的概念体系之中，而恰恰是隐藏于那些（用莱柯夫的说法）"未使用的成分"（unused portion）之中。仅仅是解释（"理解"）隐喻是不够的，相反，隐喻需要不断被"激活"。此种激活亦并非单纯回归隐喻的原初语义层次，而同样是要在哲学思辨和诗歌隐喻的张力之中来展开：只有在一定的哲学概念体系的背景之下，我们方可洞察到隐喻之中尚隐含着的"成分"；同样，对这些隐含成分的揭示其实更意在激发新的概念思辨的可能性。用利科的话来总结："隐喻是活的还表现在它将想象的动力（l'élan）置于概念层次的'更多思想'（penser plus）之中。"[②]

[①] "并不是隐喻支撑了柏拉图的形而上学大厦，而毋宁是形而上学掌握了隐喻过程，以使它服务于自身的利益。"（《活的隐喻》，第 410 页）

[②] 《活的隐喻》，第 421 页。

二、博纳富瓦的诗意聆听

海德格尔在《理由律》中已经将"聆听"作为一个重要的概念隐喻："思想就是倾听和观看。"[1] 而考虑到"看"与视觉隐喻在柏拉图传统中的核心地位，"听"作为基本隐喻的重要的启示性作用就更为明显了。下面我们即结合当代法国诗坛上最着意于诗意聆听的博纳富瓦的作品（《杜弗的动与静》[2]）来进一步阐发这个基本隐喻的哲学张力。在本章的篇幅之内，无法涵盖全诗的内容，我们仅选取首尾呼应的两段来进行细致分析。

1. "序幕"：聆听，肉体与空间

那就让我们先来领略一番《杜弗》震撼序幕中所描绘的声音风景中的种种"意象"（images）。

---

① 转引自《活的隐喻》，第 391 页。耿幼壮在《倾听：后形而上学时代的感知范式》（北京大学出版社 2013 年版）一书中更是梳理了"听"（Hören）这个概念隐喻在海德格尔思想发展中的演变线索，颇值得参考（参见其第一章第 2 节）。

② 下简称《杜弗》。以下皆采用树才的精彩译文（伊夫·博纳富瓦，《博纳富瓦诗选》，郭宏安、树才译，太原：北岳文艺出版社 2002 年版），在必要处稍作修正。诚如很多学者指出，此诗凝聚着博纳富瓦关于诗歌的最为核心的观念，比如 Henry E. Kalb, "Bonnefoy and Douve: 'Le Froid Secret'", in *The Modern Language Review*, Vol. 73, No. 3 (Jul., 1978), p. 525.

根据莱柯夫的提示，虽然诗歌中吸引我们的往往首先是意象（images），但意象至多只能起到引向或推进隐喻的功用，而不能等同于后者。隐喻所揭示的是概念之间的根本关系，这是单纯意象所无法实现的。

全诗首尾贯穿，由视觉的"戏剧"始，终结于声音之"真正地点"。开篇即奠立了这出戏剧的基调："我"与"你"之间的一场对话。"你"首先以视觉（"看见"）展现在"我"的面前，带着所有那些剧烈的运动（"奔跑""搏斗"）和浓重的色彩（"白色""血"）。看似这是一场充满生命活力的表演，但却骤然引入了另一个主题（或真正的主题）"死亡"[1]。全诗标题中的"动与静"，实际上指向着更为根本性的生与死的主题。从表象上看，死是生之否定（第 2 节中大量使用的否定词）和中断（"折断""裂开"）。然而，死并非彻底的空无，更不是异于生的彼岸（生之终结即是死之开端），相反，在诗人的笔下，死与生紧密

---

[1]　死亡作为博纳富瓦诗歌中的一个贯穿主题，尤其参见 Alex L. Gordon, "Anti-Platon to Pierre écrite: Bonnefoy's 'Indispensable' Death", in *World Literature Today*, Vol. 53, No. 3, An Homage to French Poet Yves Bonnefoy (Summer, 1979), pp. 430-440.

纠缠在一起。① 死如无处不在的穿越着、渗透着（pénètre）的风，将本来浓重、窒闷、充塞（"没有出路"[sans issue]）的"在场"化为虚幻的"表皮"（robes），恰似那缠绕着夜之石的藤蔓幻化出"没有根的脸"。由此，在第 4 小节中，作者肯定了生与死的同时性，在"每一个时刻"（à chaque instant），我们都既在出生，又在死亡。

然而，这并非怎样抽象深奥的哲学命题，而恰恰是我们每个人的基本生存体验：当我们出生时即已经开始迈向死亡，当我们茁壮成长时即已隐含着衰退的痕迹，正如在生命力达致接近顶点的盛夏亦已然隐约奏响衰颓的节奏（"衰老的夏天"）。死如隐形的风，首先渗透、"清空着"（démeubler）身体，再不断侵蚀、动摇（"驱赶"[pousser]）着仍然沉重的"头颅"。这里，躯体的下（"腿""地下河"）和上（"头"）明显构成了身与心的隐喻。② 死亡从侵蚀肉身开始，逐渐动摇、瓦解着身／心之间的等级结构。在这个意义上，可以说肉体是无时无刻不在上演的生死纠葛的戏剧的"真正地点"。破裂的血管，燃

---

① 诗歌开始处所引用的黑格尔原文已鲜明指示出这一要点。

② 《我们赖以生存的隐喻》中亦有对于上与下的隐喻所基于的"实在根基"（physical basis）的讨论。

烧的手臂，最终导致的是最能标志主体和意识的"脸"之"退却"（reculer）。消逝的脸①，这个隐喻从前文的藤蔓幻化的图案已经埋下伏笔，在后文还将不断衍生出变奏：如"树枝在她的脸上激战"（12节），"脸这个字不再有意义"（13节），"你的脸为不在场"（"真正的名字"），等等。而迄今为止我们所点出的种种令人惊叹的意象都汇聚在这个意象之中，凝结成全诗序篇的第一个基本隐喻：死就是消逝的脸。诚如《我们赖以生存的隐喻》中详尽解析的那个经典隐喻"LOVE IS A JOURNEY"，本来含义丰富、但又一言难尽的抽象概念 LOVE 在向着具象概念 JOURNEY 的映射和推演之中，顿然间衍生出种种具体可行的理解途径。在这里，死亡这个令人焦虑惶惑但又晦涩深奥的终极概念在脸这个极为明晰而具体的意象概念之中亦启示出蕴含无尽的思索空间。脸作为器官（身之部分），脸作为轮廓，脸作为内在心灵的可见表达，等等，都在"消逝"的微妙运动之中引发读者进一步探问生死之谜。

　　死，虽然具有终结的强力，但它穿透肉身

---

① 在《千高原》的"颜貌"一节以及《感觉的逻辑》中，德勒兹（及加塔利）也同样深入论及了这个主题。确实，《杜弗》在很大程度上与弗朗西斯·培根的画作有异曲同工之妙。

和头脑的步调却总是隐约的，难以洞察的，正如"缓缓"逼近的阴影之"崖岸"（falaise）。正是在这里，引入声音的契机。死之侵蚀，正如风之渗透，或"升腾的雾"，逐渐抹去生之形迹，也逐渐使得视觉让步给听觉："扯掉目光"。这个动机只隔了短短一节便再度奏响，这时，死之隐喻合着"稀奇古怪的音乐"翩翩起舞：即便死亡穿透了我们的肉体，抹去了我们的面容（"透入脸的地下部分"），但"我们扯掉目光"（以及"眼睛正在腐烂"[13节]，"眼睛塞满石膏"[第14节]），仍然可以彼此倾听。或者说，此种回响着死之韵律的倾听才是"我"和"你"之间的本真沟通？"那一声喊叫打破了你守夜的恐惧"，这"一声"既是肉体内部的毁灭力量的强烈爆发，又是突破死亡的浓重包围和锁闭的绝望呐喊（"搏斗"[lutte]）。这一声，无论怎样微弱（"我听见她发出响声"[bruire：法文本义为微微作响]），但仍由你传达到我，并形成共鸣和交响。由此，为死亡所不断侵蚀的"溃败的生命"重新凝聚（"rassemble""ressaisie"）为在场。

　　然而，重现的在场已然经受了死之渗透，并在声音的媒介之中展现自身（"重新找回的躯体"）。这个世界已然与目光主导的世界迥然有别。

首先，声音的运作与象征死亡的风与雾颇为相似，皆以无形、遍在的穿越和渗透为特征（"这风，这水，这寒冷"［第 17 节］），由此与形体消释的肉身有着最为密切的关系。"在肉身空间的最高处"：这里的"高处"已不再指示头部及其所标示的主体和意识，而更是指示肉体内在的强度汇聚之所（"无声的极限处"［第 18 节］），因为后文所描绘的都是肉体的瓦解和碎裂。其次，目光操控的世界有着明确的边界和秩序，而声音笼罩的世界则呈现出融合、蔓延和交织的面貌（"苔藓"，"蜘蛛的光线"）。况且，声音的运动更具有自身的特点，它们在空间中不断散射，折射，逐渐碎裂为无限微小的声音碎片（"沙子的命运"）。在如此的声音世界之中，以往由主体和自我所掌握的普遍必然的"知识"不再有效，由此敞开了一个向着不同方向发散的"隐秘知识"的空间。视觉首先捕捉和呈现的是明确的"意象"，但死亡之回声穿透你我的肉身，直至那冰冷浩瀚的"内在的海"，在那里，"意象不再出现"（où les images ne prennent plus）①，但我们彼此归属。这种种线索皆

---

① "prendre"译作"出现"并无不可，但它做不及物动词时那种丰富意蕴却无法生动表达："凝结""粘滞""成活"，等等。这些都比照出视觉意象之"静"与声音海洋之"动"的反衬关系。

将我们引向声音和空间的本质关系，而所有这些复杂多变的关系又都是围绕着已然经历"变形"的肉体所展开。

　　这里所涉及的明显是《我们赖以生存的隐喻》所论述的第一种基本的概念隐喻，即基于肉体的原初空间感知的方位隐喻。只不过，L&T 集中描述的上／下的基本方位在博纳富瓦笔下逐渐消释，转换为由聆听所主导的开放、多元的（借用德勒兹与加塔利在《千高原》中的术语）"平滑空间"（le lisse）。这并未从根本上削弱莱柯夫隐喻理论的深刻性，而只是提示我们，即便是"基本"隐喻亦已经体现出不可还原和简化的多元性。《我们赖以生存的隐喻》中亦明确提示我们，对概念及其结构的研究一定要回溯到感性经验的"自然维度"："颜色，形状，质地，声音，等等。"[1] 但显然，作者们唯一关注的上／下空间方位是难以涵盖所有这些基本维度无可穷尽的隐喻潜能的。

　　2. "尾声"：肉身，在场，与"地点"（lieu）
　　经由序幕的宏大铺陈，声音在随后两组诗中逐渐成为主导线索：我的声音，杜弗的声音，

――――――

[1]　*Metaphors We Live By*, p. 235.

以及种种别样的声音（"一个声音""另一个声音"①），彼此交错、回响、渗透、萦绕在字里行间，袅袅不绝。在我们这章短论中自然无暇细致展现其中堂奥，但确实应该跟随莱柯夫的启示进一步探寻第二类基本隐喻（"本体隐喻"[entity and substance metaphors]）的踪迹。

基于 L&T 的阐释，本体隐喻实际上要比空间方位隐喻更为根本，因为肉体与空间之间的本质关联仍要以其自身的实体存在为基本前提："我们是实在的，皮肤的表层划定了区分我们自身与世界其余部分之间的边界。"② 包裹着我们的皮肤区分开内与外，自我与世界，由此进一步形成自我与他者之间个体性的分化。这就是我们最基本的在世经验。

然而，当 L&T 将空间隐喻和本体隐喻如此明确地分别加以论述之时，似乎也无意中将读者引向一个可能的误解，即将个体的肉身存在和空间场所之间进行明确区分（distinction）。实际上，他们对本体隐喻的论述虽然细致入微，但恰恰忽视了个体和空间之间的原始关联。而对于博纳富

---

① "声音"（Voix）的隐喻日后还将屡屡出现在博纳富瓦的诗作之中，尤其是《无光的一切》（Ce qui fut sans lumière）。

② *More Than Cool Reason: A Field Guide to Poetic Metaphor*, p. 29.

瓦，此种关联却始终是他关注的要点。换言之，"地点"，"场所"，作为自我—肉身—世界的际遇，始终是他诗歌的一个核心主题。当然，一旦我们将场所视作如此的汇聚之所在，那它也就不再是一个单纯的物理空间位置，而变成了事件和行动发生之地。① 这也是《杜弗》尾声的标题"真正地点"的用意所在。

同样，场所也呼应着前文的一个主导概念，即"在场"。"在场"是博纳富瓦诗歌中另一个关键主题。他 1981 年在法兰西学院的开讲辞的标题正是《意象与在场》②，在其中他首先坦承自己受到罗兰·巴特所谓"客观诗歌"观念的深刻影响，并强调从符号转向存在（大地，世界，他者）的必要性。这一点贯穿于他日后的诗歌创作之中。很多论者都将此种倾向归结于他对于纯粹的"物"本身的关注。根据自然是他的早期代表作《反－柏拉图》（*Anti-Platon*）开篇第一个重要

① 对此点的深入揭示，尤其参见 Sarah N. Lawall, "Poetry, Taking Place", in *World Literature Today*, Vol. 53, No. 3, An Homage to French Poet Yves Bonnefoy(Summer, 1979), pp. 411-417.

② "Image and Presence: Yves Bonnefoy's Inaugural Address at the Collège de France", translated by John T. Naughton, in *New Literary History*, Vol. 15, No. 3, Image/Imago/Imagination (Spring, 1984), pp.433-451.

词汇："*cet* objet"（*this* object）。诚如史蒂夫·温斯伯（Steven Winspur）所言，运用"ce(cet)"这样的指示形容词正是为了拒斥既有概念和命名体系，以策略性的手法来切近、呈现事物本身那种本原性的存在。[1] 但实际上，cet 并非仅仅指向物，而同时也指向我们与物或他人相照面的场所。简言之，"this *object*"与"this *place*"是紧密联结在一起的。下面就让我们结合《杜弗》尾声的文本深切体会"真正地点"的奥义。

序幕中以"消逝的脸"和聆听为主导的基本隐喻结构将我们带向一个流动、多变、渗透、碎裂的生成－微观（devenir-micro）的世界。但这并非全然无形无迹的一团混沌。相反，彼此呼应、穿透、回响的声音仍然引领"你"和"我"汇聚于际遇的"地点"（"给走近的人空出一个位子"）。而"这个"地点（this，here, now），正是锚定存在的流转而又散布的中心。这里，皮肤所划定的内／外的隐喻结构不再有效：那个走近的人"没有房屋"，失去了包裹内在自我的表层和界限，现在变为在黑夜大地上游荡的个体。"吸引"

---

[1]   Steven Winspur, "The Poetic Significance of the Thing-in-Itself", in *SubStance*, Vol. 12, No. 4, Issue 41 (1983), § II.

(tenter)他的只有暗弱的"一盏灯的声音"。这个通感意象奠定了尾声部分的基本隐喻框架。灯的声音似乎是难以听闻的，即便是怎样宁谧的夜里；但那"一点点火"的意象却激发出更为悠远绵长的声音意境。围绕灯的意象可以展开多种隐喻途径，但巴什拉在《火的精神分析》中基于想象现象学的阐释带给我们当下讨论更多灵感（博纳富瓦自己亦曾认真聆听巴什拉的授课）。在专论《灯之光》的一章中，他敏锐地揭示出，灯光意象最深刻含义正在于其独特的时间性隐喻："缓慢流驶中思考的时光。一位诗人，火苗的遐想者懂得把这缓慢的绵延置于表达灯的存在的句子本身之中。"[1]这里，绵延的时间、深邃的思索和言语的声音都汇聚在这个浓缩的视—听通感的隐喻之中。这也是为何巴什拉随后援引的诗句都将灯光和声音关联在一起："合奏""讲话"乃至"沉默"，都开启着不同的声音意境。同样，在博纳富瓦的笔下，真正给游荡的个体带来慰藉的也正是"词语"。这样的词语不仅是有形的"象征"或"符号"（signe），更是与声音和气息密切相关的

---

[1]　巴什拉，《火的精神分析》，杜小真、顾嘉琛译，三联书店1992年版，第217页。

"祈祷"（oraison）。祈祷，无论是否发声，都带着声音的韵律，涌现自肉体的最深处，趋向着超越的境界。第二节标题给出的具体地点"Brancacci小教堂"似乎明确限定了这里的宗教氛围，然而，通观尾声部分乃至整部诗章，最根本的关系首先仍然是个体之间的关联，我和你之间的对话。[①] 正如第一节最后"隐约"（因为视觉已然退却）看到的"桌子"，将灯火、话语都聚集于会晤和攀谈的场所。

第二节是一个明显的转折，之前的主题"死"与"脸"再度呈现，但却笼罩在浓重的宗教氛围之中。不过，追寻"不朽"和"永恒"的旅程注定是一条"徒然之路"，因为最终朝圣者所"紧紧握住的"只能是一个苍白的"影子"。即便是那些宏伟的"壁画"（描绘着救赎和希望的伟大寓言）也最终只能是沉陷于浓重的夜色之中。在这夜里，我们所能听到的唯有一个个朝圣者那孤独的脚步，最终汇聚在一起，消逝在声音的汪洋之中。正是这"大水的声音"将我从神圣的梦境中唤醒，再度继续对生死之谜的遐想（songe）。这

---

① 如马丁·布伯那般由基本的我—你（I-Thou）的关联引申到个体和上帝的关联的做法亦只是一种拓展的可能。

亦是一场"战斗"，试图从时时处处纠缠着生的死亡之浓夜之中"重新赢得"（reconquis）"在场"："阴影必须复活，会是在夜里并通过夜（par la nuit）。"即便我在"源头"和"绝壁"上所探寻到的都只是死之幻影，那张消逝的面孔（"败北的夜的脸""被抛弃的面孔"），但在融化于大地（"泥土"）的肉身之中，仍有生命蓬勃的欲望（"开花"，以及"大丽菊"那绚烂绽开的形象）。那源自"死亡世界"的最深处的声音，无论是绝望的"喊叫"，还是微弱的"抽泣"（sangloter），都向我启示着另一种"永恒在场"的可能性。只不过，这里的在场不再仅仅是物之实在，也不再指向超越的神显，而更是我们只闻其声、不见其形的"隐秘幽灵"（mon démon secret），那个隐约出没于整部诗篇中的独白的声音，杜弗的声音，一个声音，另一个声音。

在接近终结之处（"蝾螈的地点"），诗人总括了自己的思路，由此回归到"更深邃的源头"。在生—死—复活的辩证循环之中，经由死这个中介的否定环节，思索探寻到肉身与大地乃至整个宇宙相互联结的真正源始的起点："通过全部身体的迟钝整体（l'inerte Masse）与星辰连接。"意识和精神正是从这最原始的物质之中涌现。因而无论

是在坚硬的石头，还是如石头般凝滞的蝾螈的目
光之中，我们都能聆听到"心永远跳动"。这才是
诗人从巴特"客观诗歌"的宣言之中所真正领悟
到的哲理。"纯粹物的寓意"，正在于我、你，以
及宇宙间万物在肉身的原始层次之上的真正相通。
消逝的脸，一盏灯的声音，所有这些隐喻都在揭
示这一番关于大地意义的深刻哲理。诚如让·斯
塔罗宾斯基的精彩点评："需要重新'有'一个世
界，一个可以居住的住所；这个住所既不是'别
处'，也不是'地狱'，而是'这里'。"① 由此，让
我们欢庆"白昼跨过夜晚"的胜利，在回响着脚
步和话语声音的"真正的场所"之中痛饮"白日
之酒"。

三、余论: 隐喻向哲学的"转移"

在前文的缕述之中，我们已然尝试着种种由
基本隐喻向着哲学原则（由可见向不可见，由感
性向非感性领域）进行转移的可能性。在全文最
后，尚有必要对博纳富瓦诗歌隐喻运动所牵涉的
种种哲学背景进行一些补充性的反思。

---

① 《博纳富瓦诗选》，第 10 页。

在当代法国诗坛，博纳富瓦无疑是最具哲学气质的一位。其相关论述散见于大量的访谈和讲座之中。不过，即便关于博纳富瓦的研究文献并不在少数，但其中大部分都集中于生平、创作手法和语言技巧，探讨哲学背景的确实凤毛麟角。其中比较有代表性的如 F. C. St. Aubyn 的早年之作 *Yves Bonnefoy: First Existentialist Poet*[1]，然而遗憾的是，作者显然过于急切地将博纳富瓦的诗歌纳入到存在主义（尤其是萨特）哲学体系之中，而无暇耐心地从诗歌隐喻的具体分析入手，逐渐向着哲学领域进行转移。同样，斯塔罗宾斯基为《诗集》（*Poèmes*）所做的序言虽然堪称迄今为止对博纳富瓦的哲学背景最为清晰深刻的阐释，但作者仍然大部分时间都沉浸于关于世界和存在的抽象思辨之中，涉及核心词语（"土地，住所，简单的事物"[2]）和基本隐喻（主要是火）之处寥寥无几。看来他并未真正理解文末那段诗人的重要引文中指向聆听与肉身的两个要点："两个声音"的意象，以及概念和 "化为肉身的呼喊" 之间的本质关联。[3] 这也是为何直到最终，作者还是无法

---

[1]　*Chicago Review*, Vol. 17, No. 1 (1964), pp. 118-129.

[2]　Yves Bonnefoy, *Poèmes*. Paris: Gallimard, 1982, p. 16.

[3]　*Poèmes*. P. 26.

真正解释"两个世界"在诗人笔下是如何凝聚为一个整体或坚实的在场，而只能借助于"瞬间平衡"这样极为含混而勉强的解释。

实际上，我们已经看到，二重性在《杜弗》之中确实比比皆是：白昼与黑暗，生与死，看与听，身（腿）与心（头），上与下，幻影与在场，等等。但如若不从"两种声音"（我与你，"一个声音"与"另一个声音"）的对话、回响、穿透的交织关系的角度出发，似乎始终无法最终解决这一系列的辩证疑难。James McAllister 在其精彩论文 *Reflected Voices: Poetic Sketching by Yves Bonnefoy* 中就将此种我和你之间的回声关系作为理解博纳富瓦诗歌的核心隐喻，极富洞见："你（Thou）的形象仅当为一个声音激活之时方才开始成形并行动，这个声音对自身无所言说，但却迫切想要证明一种难以捕捉的存在。"[1] 他同时引入了出自《无光的一切》的另一个重要视觉隐喻"曲面镜"（le miroir courbe）来与回声的听觉隐喻形成呼应。基本隐喻之间可能存在着的开放关联也同时敞开了激活隐喻的新途径。所有这些无疑都为诗歌隐喻的进一步研究提供了可贵的线索。

---

[1] *Modern Language Studies*, Vol. 23, No. 4 (Autumn, 1993), p. 94.

独自聆听
—— 电影音乐与孤独之痛

一、娱乐之罪，孤独之痛

聆听音乐，无非两种心境，"独乐乐"，抑或"众乐乐"。在留声机、随身听和手机发明之前，独自聆听的情境确实很少、很难出现，即便是伯牙子期这样的名士，也至少要面对一位演奏者方能聆听到美妙的音乐。但到了我们这个数字媒介主导的时代，形势似乎发生了极端的逆转，固然"众乐"还是一个常见的现象，但"独乐"却转而成为大家普遍首选的娱乐方式。戴上耳机，似乎就瞬间隔离开自我和他人，内心和世界[1]，由此乘着歌声的翅膀滑向一个纯粹而又完整的孤独之境。

---

[1] 现在的耳机又普遍增加了"降噪"的功能，更突显出内心与周遭世界之间的"近"与"远"的鲜明对照。

但果真如此吗？数字时代的独自聆听所回归和面对的真的是自我吗？它所达致的到底是纯然之孤独，还是正相反，是彻底的"泯然众人"？在过往"众乐"的年代，虽然人们只能聚集在一起才能进行聆听，但身处具体情境（situation）中的每一位听众却往往有着更为强烈而生动的"内心"体验。但在我们这个以"独乐"为主的数字时代呢？即便用耳机塞住了耳朵，但却并没有真的将整个世界隔绝于外。正相反，当同一首歌在无数的屏幕和脑海中一遍遍精确、机械、无差异的重复之时，你并没有、也不可能返归到真正的自我，而反倒是将自我从具身的情境之中连根拔起，抽离而出，再投放进那个昼夜不息涌流不已的数字空间之中。独自聆听，但却没有独自的体验，这或许正是数字时代一个鲜明的存在之痛。① 当你试图躲进内心的角落独享快乐之时，却反而同时被技术的力量更深地拖进那个千人一面的"众乐"

---

① "声音技术与自我意识之间难以想象地靠近，反馈回路在传送者和接受者之间形成了一种幻象。"（弗里德里希·基特勒，《留声机 电影 打字机》，邢春丽译，复旦大学出版社 2017 年版，第38 页）

的虚拟世界。① 由此我们不无沮丧地发现，在数字聆听的时代，其实无论众乐还是独乐都在变质，独乐不再是内心的体验，众乐也不再是心灵之间的共情。

借用德国哲学家韩炳哲的深刻剖析，恰可以说，在众乐和独乐之间摇摆震荡的数字聆听以典型而极致的方式暴露出当下娱乐工业的三大症结，也即绝对化、控制与肯定性。绝对化，那无非是说"娱乐无处不在"②，或者说娱乐正在变成一切，吞噬一切。在过往的年代，娱乐与痛苦，娱乐与严肃，娱乐与劳动之间虽不乏交织互渗，但毕竟有着明确的边界。但到了当今，娱乐已经成为至大无外的网络和捕获一切的装置，你不得不娱乐，你不得不时刻娱乐，你甚至不得不将娱乐奉为成功人生的黄金法则。因为这是一个"功绩社会"③，你务必时刻保持昂扬、积极、乐观的情绪，训练、积分、升级，以期达到整个社会不断向你

① "聆听审美的标准化也可能暗示着一种音乐与聆听的主体性之标准化"（a standardization of musical or sonic subjectivity）（Jonathan Sterne, *MP3: The Meaning of a Format,* Durham and London: Duke University Press, 2012, p.183）。

② 韩炳哲，《娱乐何为》，关玉红译，中信出版社 2019 年版，第 169 页。

③ 《娱乐何为》，再版前言。

提出的日新月异的"成功"标准。由此，绝对化的娱乐就实现了绝对化的控制，因为娱乐"这种魔力以讨得欢心的方式实现支配控制的目的"①。当娱乐吞噬了劳动，当享乐取缔了痛苦，整个社会就活脱脱地蜕变为一场大型的娱乐节目，其中的每一个人都在尽心尽力，浑然忘我地表演自己的角色，以期获得更多的点赞，更大的流量。②这里就暴露出数字聆听的第三重弊病，也即众乐的数字面具不仅取代了独乐的真切体验，而且更是用连续、肯定的快乐取代了间断、否定的痛苦。数字聆听填补了所有的裂隙，抚平了一切的创伤，将生命化作连续无痕的快乐之流。

但一场全无痛感、快乐至死的生命岂不是另一种意义上的痛苦，甚至是至深的痛苦？因为你除了随波逐流之外别无选择，甚至别无出路。生活没有"别处"，只有永无尽头的"此时"和"此地"，只有永无停息的"享乐"和"娱乐"。由此，为了抵抗这个令人沮丧的现实，为了打开那个别样思索的维度，是否首先就应该从肯定转向否定，

---

① 《娱乐何为》，第 39 页。

② "不仅仅是'世界是个大舞台'，而且是'这个舞台就在内华达州的拉斯韦加斯'。"（尼尔·波兹曼，《娱乐至死》，章艳译，广西师范大学出版社 2004 年版，第 121 页）

从连续转向间断，进而从娱乐转向痛苦？更具批判性和反思性的做法，不是用娱乐和肯定来掩饰、压制乃至消除痛苦和否定，而是正相反，理应如卡夫卡笔下的"饥饿艺术家"那般，"将对所有存在者的否定转变为享受"①。也即，以否定为起点和原点，令体验得以重塑，令主体得以重生。无独有偶，黑格尔和阿多诺这两位对音乐进行过最深刻思考的哲学家都不约而同地围绕痛苦和否定这个要点展开论述，但却分别展现出"超越性"之救赎和"内在性"之僭越这两个（韩炳哲亦明确揭示出的）要点。那就让我们从这个比照入手展开论述。

二、音乐作为主体性的伤痛

无论从哲学还是美学上来看，黑格尔和阿多诺都有太多汇通之处，这自不待言，在此我们仅聚焦于音乐和主体性这两个要点进行辨析。

首先，黑格尔在《美学》中对于主体性的界定颇为清晰明确，那正是"精神从外在世界退回

---

① 《娱乐何为》，第 152 页。

到内心世界"[1] 的运动过程，由此精神才不断挣脱
了物质世界和肉身存在的束缚，获得了对于自身
更为直接、清晰、完整的体验和认识。因此，主
体性必然展现为一个活生生的运动过程，其根本
形态正是从有限的尘世通往无限的神性，从可朽
的肉身朝向永恒的精神。这里就随即引出两个基
本的思考。一方面，主体性的此种由外至内、从
有限向无限的运动也同样鲜明体现于不同艺术门
类的彼此关系之中，尤其是从绘画到音乐再到诗
歌的更迭演进。绘画虽然已渗透了精神性，但毕
竟还需要依托于空间性的媒介。但音乐就不同
了，声音的运动所固有的抽象性和时间性都与精
神自身的运动更为贴近。[2] 它虽然尚未展现出诗
歌之中那种更为鲜明的观念性形态，但已经足以
作为精神自外部的空间转向内心的生命的关键
环节。

　　然而，从另一方面来看，此种居间的地位
既是音乐之优势所在，但也同样暴露出其固有
的、难以克服的矛盾。与诗歌不同，绘画和音乐
主要是以情感而非符号来展现精神返归自身的运

---

[1] 黑格尔，《美学》（第三卷上册），朱光潜译，商务印书馆1979
　　年版，第215页。

[2] 《美学》（第三卷上册），第331—332页。

动和关系。而情感虽然以力量和强度为特征，但也总是具有不确定和不稳定的特征。因此，在绘画和音乐之中，至多只能说精神开始真切、深切地"体验"到了自身，但却尚未清晰明确地"认识"自己。体验是起点，但它必然、注定要向着更高的观念性认识上升，因为夹在外与内、物质与精神之间，它本身就包含着难以克服的困境。这也是为何，黑格尔会把痛苦视作绘画和音乐之中最典型最根本的体验形态。痛苦，首先是一个被动的状态，深陷两极的对立之中难以挣脱，备受煎熬；但同时它也已经包含着一种超越和提升的可能："但是在这种分裂状态中仍能镇定自持，从分裂中回到心灵与自身的统一。"[1] 经由痛苦的分裂这个否定阶段达致精神的和谐统一这个更高的肯定阶段，这就是黑格尔的主体性概念的核心要点。所以他也才会将"灵魂的同情共鸣"[2] 这个"众乐乐"的境界视作音乐的旨归。那么，痛苦的音乐体验到底根源何在呢？根本的哲学阐释必然还是要回归于时间性这个要点，因为这也是音乐和精神之间的最内在之相通。音乐的体验之所以

_____

① 《美学》（第三卷上册），第 243 页。

② 《美学》（第三卷上册），第 336 页。

是否定和痛苦的，正是因为聆听体验的时间性从根本上来说是断裂而非连续："可是自我并不是无定性（无差异），无停顿的持续存在，而是只有作为一种聚精会神于本身和反省到本身的主体，才成其自我"，由此就在"时间之流中发生一种间断或停顿"。[1] 概括说来，黑格尔音乐哲学的三个基本命题就是："音乐就是精神"[2]，但精神首先是痛苦的体验，而痛苦的体验根本上源自时间的间断性。

而正是这三个要点在阿多诺那里都发生了鲜明的变化。首先，固然还是可以说"艺术即精神"[3]，但精神既非艺术的本源性动力，亦非终极的回溯。更为要紧的是，精神的运动也并不体现为从否定到肯定、从矛盾到和解的运动，而恰恰就是要展现为不可调节的矛盾和纷争。诚如阿多诺的自陈，他与"黑格尔美学所保持的距离"，正在于黑格尔仍然将"精神（包括艺术精神）等同于总体"，而他自己则更强调"精神与非精神"之

---

① 《美学》（第三卷上册），第 359 页。

② 《美学》（第三卷上册），第 389 页。着重号为原文所有。

③ 《美学理论》，第 133 页。

间持久的、难以调节的"非同一性"。[1]如此看来，音乐就不仅是艺术精神的一种典型的体现，而简直就是艺术精神的根本和极致，因为它远比其他的艺术形式（尤其对比绘画和诗歌）更能展现出精神夹在外部世界和内心生活之间的游移和阵痛，那种难以最终平息和化解的深切体验。音乐，尤其将他律和自律这个艺术精神的根本二律背反展现得淋漓尽致。

但我们仍可以从黑格尔的立场进行质疑乃至反驳：为何一定要深陷、固守于这个二律背反的困境之中自怨自艾呢？为何聆听的精神不能经由声音的时间性流动再度回归自身，进而实现从有限向着无限的提升和超越呢？对这个问题当然不能泛泛而论，而必须专注于音乐在不同时代所处的具体情境乃至困境。在我们身处的时代，音乐为何无法如浪漫主义那般实现精神的和解和超越？那正是因为，引导精神返归自身、提升自身的主导力量已经不再是精神自身的内在生命和动力，而恰恰是外在的技术化、媒介化的捕获和操控的装置。而且更令人忧虑的是，此种技术化的

---

[1]　阿多诺，《美学理论》，王柯平译，上海：上海人民出版社 2020 年版，第 504 页。

操控甚至展现出一种更为美好和理想的总体性和统一性的幻象，让已然被异化、疏离和压制的主体反而"信以为真"、心悦诚服地在这个技术的陷阱之中"自以为是"地发现了自己的目的和归宿。正是因此，现时代的音乐如果还有精神的力量，那绝对不在于附和乃至赞颂这个和解的假象和幻象，而更是要拆穿它，撕裂它，一次次回归他律和自律之间难以化解的张力，一遍遍唤醒精神本身的苦痛体验。对于黑格尔，音乐充其量只是过渡的环节，但对于阿多诺，音乐却不啻为时代的根本症结。

由此亦鲜明体现出二者在音乐之主体性这个主题上的根本差异。黑格尔致力于展现主体性之力量，它经由种种苦痛和否定，但仍然不断返归自己，确证和提升自己。但阿多诺就正相反，他要展现的恰恰是"主体自身的无能力"[1]，也即不是心安理得地在他律的秩序之中自我麻痹，而更是要一次次地挣脱开来、撕裂出去，进而近乎残酷地展现出自身正在被压制、否定乃至摧毁的真相。"精神不是导致艺术变形的东西，而是对艺术

---

① 阿多诺，《新音乐的哲学》，曹俊峰译，中央编译出版社 2017年版，第 214 页。

起矫正作用的东西。"① 这正是因为，如今推动艺术变化发展的力量早已不是精神，或充其量只是异化了的精神，是精神的空洞幻象。但精神并未也不可能彻底销声匿迹，它总会在冲突难以化解、矛盾逐步加剧之际"警示"世人：这个时代出了问题，我们的生命出了问题。矫正还不是治疗，但它是批判性反思的起点，这就至少为治疗提供了契机和希望。

也正是因此，孤独就成为阿多诺笔下痛苦之聆听体验的典型形态，这又是他与黑格尔的一个明显区分。在他看来，孤独并非仅仅是一种内在体验，而更是指向自律和他律之间的失调这个时代顽疾。我们本以为在工业化、技术化的和谐秩序之中最终实现了"众乐乐"的情感共同体，但却总是在那些不可调和的断裂之时、间隙之处无比痛苦地发现，那其实远非真情实感，而只是"情感代用品"，是艺术与体验之间的"脱离"所形成的"审美假相"。② 而更令人忧心的是，当我们在此种不调和、非同一的苦痛体验的刺激之下

① 阿多诺，《美学理论》，王柯平译，上海人民出版社 2020 年版，第 138 页。

② 阿多诺，《音乐社会学导论》，梁艳萍等译，中央编译出版社 2018 年版，第 31 页。

从众乐回归独乐、由外在返归内心之际，却同样沮丧地发现，"内心世界将仍然是空虚的、抽象化的、犹疑不定的。"[1] 技术化的秩序营造出千人一面的假相，但它同时也掏空了每个人的内心。孤独，正是在外与内这两种空洞之间的震荡摇摆，持续的迷失和迷惘："主体和工业社会作为循环往复的矛盾对立的双方如何互相关联并因恐惧而互相往来互相交流。"[2] 这也是为何阿多诺会将艺术家比作"失明的俄狄浦斯"[3]，因为他向外看到是面具之后的空洞，向内体验到的是同样无比空洞的深渊。

孤独之痛也正是阿多诺对所谓"新音乐"进行深刻批判的真正缘由。从十二音到斯特拉文斯基再到极简主义，也正是主体性从孤独到崩溃再到痴呆的一步步衰变的过程。十二音是孤独症的起始，因为伴随着音乐作品逐步将自己构建为一个技术化、理性化的封闭体系，主体本身也就日渐被剥夺了表现和自律的可能性，沦为外部的干预者，甚至偶发的介入者，但无论怎样皆无力掌

---

[1] 《音乐社会学导论》，第 17 页。

[2] 阿多诺，《新音乐的哲学》，曹俊峰译，中央编译出版社 2017 年版，第 155 页。

[3] 《新音乐的哲学》，第 239 页。

控左右音乐的运动发展，遑论回归内心。他至多只是体系内部的一个要素，部件，乃至傀儡。如果说偶发的主体仍然还具有一定程度的能动性的话，那么到了斯特拉文斯基那里，主体则全然失去了任何抵抗的力量，在他律秩序的强力乃至暴力面前一次次被震撼，最终土崩瓦解。"主体因震撼而被湮灭"①，此种主体的自我"牺牲"正是《春之祭》这样的作品所真正意欲展现的戏剧性场景。由此也就滑向了"痴呆"这个孤独症的终结形态："运动机制的自动化在自我（Ich）瓦解之后会导致姿态和词语的无休止的重复。"② 主体不仅丧失了表现之力，更是从根本上失却了一切表现之欲，他如今心如死灰，化作空洞的幽灵，伴随着一阵阵同样空洞重复的节拍自动聆听。从极简主义流派的兴起，到电子舞曲的蔓延，再到数字时代的单曲循环，这个音乐发展的过程也正呼应着聆听主体从孤独到崩溃再到冷漠的"心路历程"。

---

① 《新音乐的哲学》，第 265 页。

② 阿多诺，《新音乐的哲学》，第 285 页。

三、电影音乐作为存在之痛

那么，除了刻骨铭心的批判，阿多诺又能给出何种疗治乃至疗愈之道呢？大致说来，无非仍然是体验和时间性这两个要点。

在《新音乐的哲学》之中，用来与十二音为代表的新音乐的孤独症相抗衡的恰恰是勋伯格，而后者之洞见和强力正在于彰显"表现性"这个音乐得以回归自律的本源。音乐，本就应该是自主而自由的表现，而绝非是他律秩序的从属和附庸。但棘手的问题就在于，音乐到底何以表现自身？既然阿多诺斩断了黑格尔式的从有限精神向无限精神的上升运动，那么留给他的选择看似只有一个，那就是更为彻底地回归精神的内在体验，以此来对抗日益技术化和工业化的异化力量。初看起来，阿多诺对勋伯格式的内在生命体验的描述颇有几分近似近现代转折期所兴起的生命哲学和生命概念①，但实情则正相反。在《美学理论》中，他就明确批判了"生命体验（Erlebnis）这个过时而又贫乏的概念"，进而主张转向另一种更

---

① 比如可参见阿多诺，《新音乐的哲学》，曹俊峰译，中央编译出版社 2017 年版，第 271 页。

符合他自己构想的审美体验，那就是"瞬间"的"震颤"[1]。可见，从绵延的、连续的、流变的生命体验转向瞬间的、断裂的、阵痛的审美体验，恰恰是阿多诺给新音乐的顽疾开出的终极药方："这一瞬间通过否定主体性而使主体性得以救赎。"[2]

然而，即便阿多诺对勋伯格和贝多芬的拯救力量寄予厚望，但若回归当下时代的音乐工业和聆听体验，这个希望似乎只能是空幻的泡影。且不说今天还有多少人在用心聆听勋伯格，就算真的有，那些孤独的个体又真的能对众乐乐的娱乐至死的社会构成多少抵抗的力量？更为切实可行的批判策略，或许是将阿多诺的方法转用于当下的现实之中，进而在矛盾和冲突的极致之处尝试撕裂的可能。而电影音乐似乎正是这样一个适合作为入口的扭结点。首先，音乐和电影这两大娱乐工业的互渗乃至汇流，早已是贯穿整个20世纪的一个不争的事实。甚至早在默片的时代，这就已经是明显的趋势。一部电影捧红了一首主题曲，或反过来说，一首主题曲让一部电影更为深入人心，这都是司空见惯的文化现象。电影和音

---

[1] 阿多诺，《美学理论》，王柯平译，上海人民出版社2020年版，第359页。

[2] 《美学理论》，第394页。

乐相得益彰，彼此联动，二者的合力几乎将文化工业带向了它的极致形态。[①]而伴随着有声电影的出现，摄影和录音技术的发展，此种极致形态又获得了近乎变本加厉的拓展和深化，从内容、产业、观众／听众等等的融合进一步深入至体验本身的融合。[②]概言之，电影和音乐的连接，最终构成了一个至大无外的他律秩序，不仅囊括、统合了各种媒介的形态，更是深入到主体内在精神的最深处，对审美体验本身进行终极的操控。借用黑格尔《美学》中的三分法，恰可以说，电影音乐不仅将空间性的影像、时间性的声音和观念性的符号统合在一起，形成一部庞大的媒介机器，更是将观看、聆听和阅读这三种基本的审美体验牢牢捆绑在一起，最终凝结成一个失去自律的精神装置。对此，斯蒂格勒说得最为一针见血："有声电影出现之后，电影把声音的记录也纳入旗

---

① "几乎所有黄金时代的作曲家都签约于某家大制片厂。……他们在一个基于高度分工的流程中被雇用以执行某一有限的专业化任务。"（彼得·拉森，《电影音乐》，聂新兰、王文斌译，山东画报出版社 2009 年版，82 页）

② Henry Jenkins, *Convergence Culture: Where Old and New Media Collide*, New York and London: New York University Press, 2006, p.2.

下。"① 由此就产生出两个严重的结果。首先，影像流和音乐流开始密切地、难解难分地结合在一起，进而对时间性本身进行操控，营造出一个日益全面、深入技术化的时间之流。其次，接下去，这个时间流又在观影／听音的同步体验之中"与影片观众的意识流相互重合"②，由此就完美制造出影音流、时间流和意识流的三位一体，由此亦解释了"为什么影片的放映会如此紧密地进入并控制意识"③。

正是因此，理当将斯蒂格勒"意识犹如电影"的理论视作阿多诺文化工业批判在晚近的最典型形式和最极端推进。他在书中对阿多诺的多次重要援引已是明证。同样，他对"存在之痛"这个关键概念的阐发也与阿多诺对艺术的二律背反的剖析有异曲同工之妙。在《新音乐的哲学》之中，阿多诺就将此种二律背反的核心症结归结为"我"

① 贝尔纳·斯蒂格勒，《技术与时间3：电影的时间与存在之痛的问题》，方尔平译，译林出版社2012年版，第13页。"录制音乐和电影是文化工业最早生产出来的两个客体"（贝尔纳·斯蒂格勒，《象征的贫困1：超工业时代》，张新木、庞茂森译，南京大学出版社2021年版，第35页）。

② 《技术与时间3：电影的时间与存在之痛的问题》，第14页。

③ 《技术与时间3：电影的时间与存在之痛的问题》，第49页。

和"我们"之间的非同一性的张力[①]；而在《技术与时间》第三卷之中，斯蒂格勒同样将"我"和"我们"之间的张力视作时代之痛楚的深切极致的体现。[②] 但若如此看来，从阿多诺到斯蒂格勒，从电台到自媒体，从流行音乐到数字影音，文化工业的物化和异化似乎全然未展现出任何缓和之趋势乃至转折之态势，而反倒是以前所未有的深度、广度和力度渗透到从媒介平台到精神体验的方方面面。那么，面对此种刻骨铭心的存在之痛，精神又何以能够在碎裂之处、否定之际重新肯定自身的主体性呢？ 在电影音乐这条不归路上，我们看到的只是难以挣脱的控制，哪里还有一星半点自由的可能？

或许有。这个可能仍然还是在于时间性这个关键要点。斯蒂格勒对意识流之物化和工业化的批判固然透彻深刻，但显然暴露出一个明显的缺陷，就是"流"这个前提。胡塞尔的内时间意识理论是他进行阐释的起点，而通观文本，他似乎从未真正质疑过这个看似自明的前提。这也是他与阿多诺之间最为关键的差异之一，也即他从未

---

① 《新音乐的哲学》，第 129 页。

② 《技术与时间 3：电影的时间与存在之痛的问题》，第 126 页。

真正意识到内在的时间性本可以且理当是断裂的、不连续的。既然如此，那么当绵延之流日益被电影—音乐—意识三位一体的他律秩序全面掌控之际，回归瞬间的、"焰火"般[1]的时间体验或许不失为一条可行的抵抗策略。在这方面，亦恰好有一个经典文本足资参考，那正是哲学家阿多诺与作曲家艾斯勒（Eisler）合著的《论电影音乐》（*Composing for the Films*）。

　　大体说来，这本书仍然是阿多诺对文化工业持之以恒的批判立场的延续和推进。电影和音乐的结合，不仅进一步恶化了音乐工业的二律背反，甚至有可能从根本上取消音乐回归自身主体性的一切可能。如果说面对新音乐的颓势，尚有勋伯格式的表现主义与之分庭抗礼；那么，当音乐本身被愈加全面深入地卷入电影工业，甚至沦为附庸和从属之际，它究竟还有何种力量和底气能够为自己的自律进行辩护和正名？《论电影音乐》全书之中有相当多的篇幅都在入木三分地展示，音乐在电影面前如何一步步失去了自律，被工业化和"标准化"，进而沦为"降格"（levelled

---

[1]　阿多诺，《美学理论》，王柯平译，上海人民出版社 2020 年版，第 125 页。

down）的娱乐，甚至"被操控的"（manipulated）
艺术。[①] 整个第一章其实都在细致全面地展示
电影得以操控音乐的种种"坏习惯"。比如，电
影音乐最基本而常见的功能就是所谓"动机"
（leitmotif），也即为观众提供一个方便易懂的"提
示"（cue），进而更为紧密地跟上情节的步调和节
奏。[②] 就此而言，配乐当然无需展现出自律的地
位，因为那就会喧宾夺主地干扰、破坏叙事的进
程。音乐要做的就是尽可能谦逊甚至"谦卑"地
做好自己的辅助性工作。显然，衡量电影音乐的
标准就不会是复杂的织体、多变的展开，甚至是
深刻的内涵，而充其量只能是短小精悍、朗朗上
口、好听好记甚至好玩。毕竟，它无非是电影之
中的一个"标记"而已。固然，配乐时而也会令
自身脱颖而出，给观众留下比故事本身更为深刻
的印象。确乎在有些时候，电影本身的情节我们
早已淡忘，但那首百转千回的主题曲却还始终在
心间萦绕，甚至经年不散。但即便在电影和配乐
之间的此种看似鲜明的反差也全然没有、也不可

---

① Adorno & Eisler, *Composing for the Films*, New York: Continuum, 2007, 'Introduction', xxxv-xxxvi.

② Adorno & Eisler, *Composing for the Films*, New York: Continuum, 2007, p. 2.

能制造出任何的断裂和否定。作为"显白的""套路化"①的视听语言的修辞术，它只是运用不同的手法、变换不同的标记，来让观众的注意力持续在线而已。当故事开始平淡了，那就添加一段略显振奋的音乐。当场景开始复杂了，那就把音乐当成另一种清晰化的视角。当人物的心理开始纠结了，那配乐就能更好地呈现出错综复杂的内心情愫，毕竟，诚如黑格尔所言，音乐最能贴近精神的流动。这样看来，反差和对比不仅没有制造差异，反而以更为灵活多变的方式衬托、烘托出情节的走势和线程。在此不妨参考一个典型的例子。比如，卡利纳克在《电影音乐》的开篇就细致刻画了影片《落水狗》中的一个经典场景，在其中"节拍轻松"的配乐和"尽情折磨"的影像反倒是形成了近乎完美的呼应乃至融合。② 但显然，导演的这个匠心独运的对比法肯定不是想让观众在"视"与"听"之间形成断裂和惊颤，而其实更是想让他们难以自拔地"深陷于"甚至

---

① Adorno & Eisler, *Composing for the Films*, New York: Continuum, 2007, p. 8-9. "音乐惯例仍是控制观众反应的有效手段。"（凯瑟琳·卡利纳克，《电影音乐》，徐黎译，译林出版社 2021 年版，第 14 页）

② 凯瑟琳·卡利纳克，《电影音乐》，徐黎译，译林出版社 2021 年版，第 2 页。

"困"于影片的叙事之中。借用卡利纳克的概括，无论音乐相对于电影是"平行"还是"对位"关系①，它最终的功用都只能是、理应是"统一进程，赋予影片节奏感，把观众吸引到影片的场景中来"②。

正是因此，阿多诺和艾斯勒为电影音乐给出了一系列的负面界定：它是消极被动的③；它的创新始终是束手束脚的，而且最终服务于商业的目的④；甚至可以说它既无自身的本质，更无独立的发展"历史"。⑤但在这些连篇累牍的批判段落的间隙之处，两位作者却仍然暗示出两个否定性的动机。第一个正是文本中多次浮现的"悬疑/悬置"（suspension）。但悬疑和悬置这两个译法其实恰好形成对反。展现悬疑氛围的配乐只是推进情节的一种常见动机和套路化的惯例而已，自然

---

① 《电影音乐》，第16页。

② 《电影音乐》，第8页。关于"经典好莱坞配乐"的"一系列核心功能"的列举，参见第60页。

③ Adorno & Eisler, *Composing for the Films*, New York: Continuum, 2007, p. 13.

④ Adorno & Eisler, *Composing for the Films*, New York: Continuum, 2007, p. 29.

⑤ Adorno & Eisler, *Composing for the Films*, New York: Continuum, 2007, p. 33.

也就不会有多少自律的地位。赫尔曼最初在《惊魂记》(1960)之中发明的那种以"弦乐合奏"来营造紧张刺激之悬念的戏剧性手法就是明证。[①]但悬置就不同了,它无意配合情节的推进,而恰恰想要以一种极端的方式来打断线程,由此突显出自身相对独立的地位和作用。但这也就对音乐本身的品质提出了更高的要求,由此可以理解,为何十二音这样的新音乐虽然遭到阿多诺的严厉声讨,但却反而能在电影之中起到出其不意地破坏惯例的否定性之功效。[②]这就为《新音乐的哲学》中的困境给出了一个别开生面的解决方式。以十二音和斯特拉文斯基为代表的新音乐,其根本症结正在于主体自身从无力到崩溃再到冷漠的蜕变和堕落。但当它汇入电影之中成为配乐之时,这些看似消极负面的作用却反而发生了辩证的转化。新音乐本身所固有的开放、偶然、不和谐、无调性等等极端的特性,如今不再是音乐对于自身的一种自反性的破坏和否定,而是转而在自身

---

① 凯瑟琳·卡利纳克,《电影音乐》,徐黎译,译林出版社 2021 年版,第 66 页。

② 尤其参见 *Composing for the Films* 的第三章。关于十二音、极简主义、电子音乐乃至世界音乐在电影配乐之中种种打破惯例的手法,可参见凯瑟琳·卡利纳克,《电影音乐》,徐黎译,译林出版社 2021 年版,第 66—68 页,以及第六章。

之外找到另外一个作用的对象，那正是电影及其
种种工业化的套路。当新音乐和电影结合在一起，
原本那种作茧自缚的困境多少得以化解，转而展
现出另一种足以和电影的"实用性"（utility）相
对抗的"表现性"①。这虽然不足以媲美贝多芬和
勋伯格式的表现主义，但仍得以在一定程度上撼
动影音—时间—意识三位一体的合流体验。"视"
与"听"之间终于发生了一种看似难以修复和弥
补的断裂。新音乐或许难以最终回归自律自主的
地位，但它仍能够以残存的生命对电影工业本身
不断形成冲击和抵抗。这就触及全书第二处关
键暗示，那正是"瞬间"。"电影音乐应该闪烁"
（sparkle and glisten），由此方能阻断（block）情节
和叙事的线性进程。②"从瞬间把音乐分离出来，
运用它的震颤，它的波涛，它的模糊。"③在那些
焰火般短暂但却强烈的瞬间，电影音乐足以在聆
听的主体身上留下震颤的创口，由此一次次撕裂
开"我"和"我们"、"众乐"和"独乐"之间的

---

① Adorno & Eisler, *Composing for the Films*, New York: Continuum, 2007, p. 4.

② Adorno & Eisler, *Composing for the Films*, New York: Continuum, 2007, pp. 90-91.

③ 皮埃尔·贝托米厄，《电影音乐赏析》，杨围春、马琳译，文化艺术出版社 2005 年版，第 116 页。

标准化纽带，进而一遍遍令主体向自身发问：谁在聆听？又聆听什么？

艾斯勒曾痛定思痛地说道，"现代音乐家"的使命，正在于从"寄生虫转变为斗士"。[1] 诚哉斯言。然而，此种转变并非仅在于音乐家们的自律意识，同时亦需要体现于观众/听众的聆听体验之中。主体性这个要点，理当贯穿于从电影音乐的"谱曲"到"聆听"的诸环节和面向之中。而一旦回归于聆听这个要点，那么单纯谈论电影中的音乐就显得不够了，还应当将声音这个更为广阔而丰富的领域纳入其中。诚如精研电影音乐和声音哲学的米歇尔·希翁所言："但是在目前事物的文化状态之中，声音比影像更有能力渗透和阻断我们的感知。"[2] 同样，此种渗透和阻断亦包含着正反的面向，它可以是他律对自律的操控，但也理当是自律对他律的抵抗。无论怎样，电影音乐和声音都是在一个文化工业日益全面数字化的时代重探、重建主体性的重要契机。

---

[1] Adorno & Eisler, *Composing for the Films*, New York: Continuum, 2007, 'New Introduction', xxiii.

[2] 米歇尔·希翁，《视听：幻觉的建构》，黄英侠译，北京联合出版公司 2014 年版，第 30 页。

游戏不相信眼泪

—— 晚近中国独立电子游戏中的人声与感动

电子游戏能让我们感动吗?

面对这个问题,众多资深玩家估计都会嗤之以鼻:感动,或许远非电子游戏之初衷和要义。要想寻找感动?那还不如去美术馆和电影院,甚至哪怕坐下来认真读一本上佳的小说,或许都能获得比打一盘电玩更多的感动吧!当我们手握鼠标,操弄摇杆,戴上头罩之时,或许如"感动"和"感悟"这样的词语早就抛之脑后了。我们要的只是一件事,那就是刺激和快感(plaisir)。快感绝对是第一位的,哪怕是胜负荣辱也只是附随的结果,哪怕是反复操作的"自我折磨"也似乎变成另一种极度扭曲的快感模式。

但电子游戏的快感又是何种体验呢?难道仅仅是一种刺激-反应的身体循环?甚至难道仅仅是肾上腺激素的单纯增强?这当然会低估游戏之

快感的复杂性和纵深性。游戏之快感是复杂的，也就是说，绝非仅局限于生理和身体的反应，而更是牵涉到体力、智力，甚至情感等等诸多方面。而且这些多样复杂的快感又总是交织互渗的，甚至简单直接如一路"突突突"的第一人称射击游戏，也已经如"一道波"那般贯穿了身－心－脑－情的各种维度。[1] 其实赛博格理论中一直纠结不已的所谓人－机共生，早已在电子游戏之中获得了一种真切无疑的充满强度的实现形式。

同样，电子游戏的强度还具有纵深性，也即兼有表层和深度。经常会听到玩家或评论在谈及某某游戏的快感如何"肤浅"，那么，有肤浅，必然就有深度与之相对。可游戏的深度快感到底是什么呢？到底真的存在吗？有的时候，游戏快感之所以肤浅，往往是因为游戏设计本身就很直白，比如《糖豆人》，它真的很刺激很有快感，甚至完全停不下来，但谁会觉得此种快感具有何种深度呢？相反，对比之下，肯定大多数玩家都会觉得《死亡搁浅》所带来的快感更令人荡气回肠，冉冉

---

[1]　德勒兹：《感觉的逻辑》，董强译，广西师范大学出版社 2017 年第 2 版，第 60 页。但显然我们不是在"无器官的身体"的意义上使用这个说法，而只是借用"根据它的力度与广度的不同而划出层次或界限"这个基本形象。

不绝。为什么呢？因为它的操作和世界设定本身就体现出一种宏大的规模和纵深的向度：这里面，有如画的风景，有哲学的叩问，有情感的体验，所有这一切，全都融汇于一次次看似单调，但实则苦乐忧欢参半的"快递"旅程。

但说到这里，似乎又陷入一个无解的循环之中。游戏有快感，快感是复杂的，因此，真正的快感理应是有深度的快感。唯有这样的快感才称得上是"感动"。但这个深度到底源自何处呢？源自绘画式的场景，源自电影式的情节，源自历史的背景，源自哲学的反思，甚至源自伦理的困境等等。但所有这些似乎都跟真正的"游戏性"没有直接的、本质的关系，似乎都是附加在游戏性这个核心之外的种种额外价值。一个游戏如果不"好玩"，那给它笼罩上再多电影、历史和哲学的浓重氛围似乎都是无济于事的。而"真正好玩"的这个游戏性核心到底又是什么呢？往往就是体现于"操作"这个看似最肤浅、最没有内涵、纯技术性的层次。试想，一个第一人称射击游戏，如果没有顺畅的界面、逼真的物理、短兵相接的对决，甚至铿锵有力的射击感，那么，再精深的哲学思辨、再纠结的道德选择都无法拯救其注定失败的命运。由此我们仍然没有跳出开头的那个结论：游戏有快感，但快感跟深度的感动无关。

　　但是，是否游戏的快感注定只能是肤浅的，真正的深度只能来自"非游戏性"内容所附加的感动？既然诉诸哲学、历史和道德这些看似更为"高级"的精神性快感看似于事无补，那么，是否可以选择另外一个不同的思路，即将所谓"肤浅"的游戏性快感推到极致，看看是否还能敞开别样的快感之可能？一句话，我们恰恰想从肤浅的快感之中去寻找真正感动之契机。这里似乎不得不进行一番哲学的思辨了。首先，何为感动呢？简单说，无非是在外部或内部的激发之下产生出强烈的、贯穿身心的剧烈情感，进而获致深切的感悟乃至精神的升华。简言之，感动就是由"力"而生"情"，再由"情"而生"变"。正如一部美好的电影，能让你在涕泪纵横之际参透人生的真谛。但电影足以感动，这谁都懂；可要说一部从头到尾突突突的射击游戏能同样生发感动，那就不禁令人啼笑皆非了。只不过，我们是认真说的。我们是认真且真诚地认为，哪怕在突突突当当当的游戏里面也可以有感动，而且正是这个感动能让游戏不再只是洗脑神器，而更是足以激活精神乃至灵魂的"有情机器"（The Emotion Machine，马文·明斯基语）。

1. 进入"数码巴洛克"的宇宙

不妨再度对比电影和游戏，这两个"争执"而又具有"亲密性"[①]的伙伴。电影何以感动呢？除了艺术手法、精神价值、哲学理念这些高阶的维度之外，其实还可以落实于观者与影像之间所发生的直面的互动。为何电影会催人泪下？那首先就是因为它让你和你自己发生了一种极为直接而真切的"反身"（self-reference）关系。这个关系未必是反思性的，而往往就是简单直接但却强烈持久的体验作用。任何一部优秀的电影作品，最终都会让人产生这样一种根本性的感悟：不只是"原来这就是人生"，而且更是"原来这就是我的人生"。看电影，并非仅仅在旁观一个"别人"的故事，而更是由此能够获得自己面对自己的一种真实的体验，无论这种体验是源自认同（"我就是这样一个人啊"），还是源自怀疑（"这真的是我吗"），甚或拒斥（"我不能再这样活下去了！"）。但是，正是这样一个"自反"的维度，在电子游戏里面似乎是严重缺失的。简

---

① 语出海德格尔《艺术作品的本源》，载海德格尔:《林中路》，孙周兴译，上海译文出版社 2004 年版，第 35-36 页。

单说，好的电影，总是兼具"引力"和"斥力"，它在吸引你飞蛾扑火般地沉浸于画面和情节之际，也会同时将你推开，由此让你"反身"地思考和体验自身。但电子游戏似乎就截然相反，它几乎可说是纯然"吸引"，绝无"拒斥"，也即，"沉浸性"始终是它的终极手段和目的。任何一部好的游戏——甚至任何一部游戏——的最终目的几乎只有一个，那就是让你一刻不停地玩下去，绝对不会想到要按 esc 键。如果真的有什么游戏能够让玩家产生强烈的、"反身式"的疏离感和距离感，那要么这根本不是一部纯粹的游戏，而是所谓的"电影式"游戏，"散步式"游戏；要么，就是这个游戏完全不好玩，甚至"不可玩"，以至于无聊乏味到会让人总是想要停下来，"置身事外"地观一下景，"反思"一下，自问一下："我真的还要玩下去吗？"

电影总是给观众留出一个外部的位置，但游戏正相反，它全力铲除一切外部，或将所有一切都化作一刻不停的"内部操作"。在电影中，我看了我自己，我获得了感动；在游戏中，我忘了我自己，俯首帖耳于"玩下去！"这个绝对律令。

但果真如此吗？上面所描述的电影似乎还停

留于胶片和影院的时代，但当电影进入到数码[①]
和界面的时代之后，似乎也就日渐与趋向全面
占据数码平台的电子游戏彼此趋同，日益变成
了一个"至大无外"的数据库系统。这样一种
电影，正是 Sean Cubitt 所说的"新巴洛克风格"
（Neobaroque Film）[②]。然而，用"巴洛克"这个
颇为古旧的艺术史术语[③]来形容乃至概括最为晚
近的数码艺术的发展，这真的恰当吗？固然，确
有研究者指出，巴洛克并非仅局限于 17 世纪这
段历史时期，而是有着"更为广阔的历史回声"
（repercussions）[④]，但又如何理解此种贯穿古今的
回声与震荡的效应呢？不妨对比 Angela Ndalianis
与 Sean Cubitt 这两位代表性学者的研究，而且
并非巧合的是，二者以"新巴洛克"风格来遍览

---

① "数码"（digital）与"数字"（numerical）的区分，在我们的
　　研究中是一个根本性原则，不妨参见拙作《重复的三重变奏》，
　　《云南大学学报（社会科学版）》，2021 年第 1 期。

② Sean Cubitt, *The Cinema Effect*, London & Cambridge: The MIT
　　Press, 2004.

③ "巴洛克风格最早出现在罗马……浮现于文艺复兴盛期"（海因
　　里希·沃尔夫林：《文艺复兴与巴洛克》，沈莹译，上海人民出版
　　社 2007 年版，第 14 页）。

④ Angela Ndalianis, *Neo-Baroque Aesthetics and Contemporary
　　Entertainment*, London & Cambridge: The MIT Press, 2004, p. 5. 同
　　样的说法见 p. 19。

透析数码文化的著作也都是出版于 2004 年。尽管主题和时间吻合，但两部著作的基调却截然相反。Ndalianis 对新巴洛克充满了热情和憧憬，虽偶有隐忧浮现，但整体的图景是乐观而昂扬的，Cubitt 的论述却从头至尾带着挥之不去的抑郁乃至绝望，甚至回归于一种极端的"虚无主义"（"emptiness""void"①）。之所以有如此鲜明的反差，或许正是因为 Ndalianis 仍然停留于数码巴洛克的"表层"，如果她也如 Cubitt 那样能够有深入内里的魄力和洞察力的话，或许也多半会修正立场。

　　还是先给出 Ndalianis 关于数码巴洛克的清晰凝练的界定："媒介彼此融合，类型相互联合，由此产生出新的混合形式，开放的叙事拓展为新的空间性的、系列性的构型（configurations），特效所构造出的幻象试图瓦解观者和景观之间的分隔框架。"② 这里明确浮现出三个关键词。第一是"混合"（hybrid），也即新巴洛克的首要特征正是不同媒介和风格之间的"融汇混合"。说得好听一点叫作"拼贴式蒙太奇"，但说句不好听

① *The Cinema Effect*, p. 235.

② *Neo-Baroque Aesthetics and Contemporary Entertainment*, pp. 2-3.

的那可就是"大杂烩"了。那么，此种明显的表面风格，具体又是遵循着怎样的操作法则来实现和展开的呢？固然，不同艺术门类所采用和善用的"拼贴"手法各有千秋，但在 Ndalianis 看来，它们最终皆可以"系列性"（Seriality）这个词来一般地概括。这个说法是明确取自法国艺术史大家福西永对巴洛克风格的深刻阐释，大致可归结为"碎片"（discontinuous elements）、"节奏／动态综合"（strongly rhythmical）和"迷宫式系统"①这三个基本特征。多元，流动，开放，变异，新巴洛克的数码世界表面上呈现出一派生生不息、创造不已的面貌，但若深入细究，却会发现在这个以"新""异""变"为明显特征的表面之下所涌动的却是极为机械乃至僵化的"重复动机"（a repetitive drive）②，也即，无论看似怎样多变曲折、复杂幽深的迷宫，其实最终皆是遵循着一套普适的算法，经过反复的迭代和折叠而成。或许从非线性科学的角度来看，这正是世界本身根本性的

---

① *Neo-Baroque Aesthetics and Contemporary Entertainment*, pp. 23-24.

② *Neo-Baroque Aesthetics and Contemporary Entertainment*, p. 69.

物理机制①，本无可厚非。但若从文化的视角来审视，这其中隐含的危机就浮现出来。一方面，这种重复动机确实如本雅明所着力阐释的"机械复制"那般，模糊乃至抹除了"原作"与"副本"之间的边界②；另一方面，更是如鲍德里亚所说的那般，将数码的迷宫系统进一步拓展为一个至大无外的"互文性"（intertextuality）的、"自我映射"（self-reflexivity）③的庞大蔓生的世界。由此也就最终导向了数码新巴洛克最为令人忧惧的恶果，那正是 Ndalianis 所概括的第三个特征，真与幻之边界的"崩塌"。

但也正是因此，当数码新巴洛克以其多变而奇诡的手法来迷惑感官，进而消弭真幻之际，却反而展现出一种前所未有的巨大的情感能量。④这听上去不啻一个悖论：一套骨子里遵循着严格机械复制程式的重复算法，反倒能在人心中激发

---

① 最典型的形象或许正是"由简单性孕育复杂性"的曼德勃罗集："一段简练的计算机程序就包含了足够的信息来再现全部的集合。"（詹姆斯·格雷克:《混沌: 开创新科学》，张淑誉译，高等教育出版社 2004 年版，第 195 页）

② *Neo-Baroque Aesthetics and Contemporary Entertainment*, p. 62.

③ *Neo-Baroque Aesthetics and Contemporary Entertainment*, p. 63.

④ *Neo-Baroque Aesthetics and Contemporary Entertainment*, pp. 220-221.

出强烈的、不可遏制的情感体验？对于此种冰冷的算法所生成的火热的情感[①]，或许可以从一正一反两个方面来解释。首先，借用 Buci-Glucksman 对于巴洛克美学的经典概括，可以将此种情感力量归结为所谓的"视觉的迷狂"（The Madness of Vision）。此种"乱花渐欲迷人眼"的视觉效应，确实能给观者的感官带来强烈的"震颤"（shock），或者用 Glucksmann 自己的说法，甚至是一种近乎"病态"（sickness）的目光之"灼烧"（burning and flaming）[②]。但根据本章一开始的那个区分，此种迷狂之视觉快感无论怎样强烈，都只能说是表面的，肤浅的，毫无深度可言。试想，在一个做工精良的第一人称射击游戏场景之中，在一阵电光石火、枪林弹雨的视觉迷狂之后，剩下的难道不只是一片难以化解的疲惫、难以填补的空虚？这个时候，寄生于新巴洛克宇宙的心灵就会成瘾般地渴欲更新鲜的特效、更强烈的迷狂、更迅捷的满足：玩下去，千万别停，因为哪

---

① 算法和情感之间的"互指"、"循环"式的悖论，见 *Neo-Baroque Aesthetics and Contemporary Entertainment*, p. 214.

② Christine Buci-Glucksmann, *The Madness of Vision: On Baroque Aesthetics*, translated by Dorothy Z. Baker, Athens: Ohio University Press, 2013, p. 119.

怕只有片刻的停顿，就会顿然间堕入更为吞噬性的空虚的深渊。转用叔本华的说法，在迷狂的背后，在迷狂"之间"，唯有无尽的、难以挣脱的、难以化解的"空虚"。或者说，"化解"空虚的唯一手法就是进一步任由数码巴洛克的迷宫无尽蔓延、编织下去，进而去收割、吸纳那一个个本已空洞的灵魂。Cubitt 说得精辟，在这个宇宙之中，一边是圆融自洽（coherent）的景观，但另一面则是彻底"自失"（self-loss）的观者。[1] 或者不妨说得再极端一些，数码巴洛克宇宙唯有一个欲盖弥彰的终极动机，那正是"剿灭主体性"（eradicate subjectivity）[2]。然而，此种收割灵魂的剿灭效应却呈现出一种无比悖谬的形态，因为当主体性被彻底剥夺和毁灭之际，那一个个自失的灵魂却在巨大的情感激荡之下感受到一种前所未有的主体重生之完美幻觉。[3] 灵魂愈被掏空，感觉却日渐完满，这真的是一种不折不扣的"迷狂"："感动，激动，震动"（Affect, thrill, shock）。[4]

---

① *The Cinema Effect*, p. 236.

② *The Cinema Effect*, p. 240.

③ *The Cinema Effect*, p. 240.

④ *The Cinema Effect*, p. 236.

2. "世界即声音"（The World is So-und）①

　　一句话，在新巴洛克的数码宇宙之中，只有肤浅的视觉迷狂，而绝不会有、也不可能有真正触动灵魂的"感动"。由此看来，我们又再度陷入了快感和感动、表层和深度之间的分裂。之前我们曾乞灵于电影能够赐予灵魂以一种深度的感动，但基于 Ndalianis 和 Cubitt 的有根有据的阐述，这个美好愿景再度落空。在无尽的新巴洛克宇宙之中，电影或许早已失去了通达深度的"本真性"途径。电影和游戏一样，根本上都是被遍在但又强力的"隐蔽算法"（secret algorithm）② 所操控的织网手法而已，它没有、也不再可能提供我们一个疏离的"外部"。

　　但也正是在这个看似绝境之处，我们来尝试两个同样极端的追问：空洞的深度不也是一种深度？"空虚"的感动不也是一种别样的感动？新巴洛克的典型手法是视觉之迷狂，但 Ndalianis 和 Cubitt 是否忽视了声音和听觉这绝非次要的感觉、

① 语出印度 Techno 舞曲乐手 Talvin Singh 的专辑 *OK*。
② *The Cinema Effect*, p. 242.

体验的维度？

　　然而，对于这个思路，首先就可以直接抛出几个根本质疑：无论在日常生活中还是数码电影之中，声音和听觉不是向来处于从属的地位？日常感知之中，听觉只能为视觉提供辅助性甚至"边缘性"的信息；而在电影制作的视听语言之中，"视"也始终是主导的逻辑，"听"至多只能起到呼应和配合的作用，"配音""声效"这样的说法皆是明证。几乎从来没有一部主流的数码电影或游戏是以声音为主导来展开叙事的线索或操作的模式。

　　不妨尝试再进一步质疑我们意欲打开的声音这个尚且具有潜能的通道。就从深层的"隐蔽"算法的角度来说，声音也同样不具有多少优先性和独特性，因为在数码的平台上，它跟影像一样，都是有待处理的"信息"或"数据"而已，甚至完全可以从根本上将声音和影像皆还原成 0 与 1 的字符串。若如此看来，想经由聆听来制造出疏离的"外部"，甚至敞开一个尚未被巴洛克宇宙彻底剿灭和吞噬的灵魂之"内部"，这岂不是痴人说梦？为影像所迷狂的主体是空洞无魂的，那么，沉浸于数码声音之中的主体又何尝能够具有一个鲜活的魂魄？

要澄清声音和聆听相对于影像和视觉的优先性，不妨从历史和现实这双重视角入手。从历史演变上来看，虽然亦有德里达这样的学者将西方传统形而上学就归结为"听觉中心主义"，但他所说的听觉主要还是与语言活动结合在一起，并没有着眼于听觉的感官、媒介、声音对象等等更为普泛而基本的现象。其次，德里达所说的聆听从根本上说也只是"在场形而上学"的一个哲学隐喻而已，它指向的是主体性和时间性的一种主导模式。不可否认，《语音与现象》① 之中对"内心独白"（soliloque）的独到阐释是极为精彩的，但似乎必须在更为切实的感知和媒介的前提之下才能真正展现其中的深刻含义。

由此我们不妨从更具实证性的文化和媒介研究入手。最早从这个角度对西方的"视觉中心主义"进行全面反思和批判的当属麦克卢汉和阿塔利，但二者又皆有不足之处。阿塔利胜在哲学的思辨，但他的关注点更多是在音乐，而并非普泛的聆听现象。麦克卢汉则对电子时代的聆听和媒

---

① 德里达此书中译本通常译为《声音与现象》，当然也不错，只不过，一方面，德里达在书中的讨论确实集中于"voix"（语音，嗓音）这个特殊的声音现象；另一方面，本文后面讨论的游戏作品也是更聚焦于国产独立游戏中的"人声"。故作此译。

介进行了更为透彻的阐释，甚至将"听觉"作为新的感知形态的主导范式，但因为成书甚早，因而未及对晚近的数码媒介进行反省。如果他今天还能坐在 IMAX 影院里面观赏一场好莱坞大片的话，恐怕《理解媒介》书中所充溢的乐观情绪定会荡然无存。

真正将思想的传统与媒介的发展结合在一起的，似乎正是 Veit Erlmann 的名作《理性与共鸣》。实际上，这本书的标题已经明确将"理性"这个思想的脉络与"共鸣"这个感知－媒介的向度密切结合在一起。他在开篇就指出，由笛卡尔所肇始的理性主义传统实际上正是"我思（cogito）与声音（audio）"之间的交织与歧变，很明显，在法语之中，"entendre"正兼有"听"和"知"这双重含义。[1] 这本著作与本章思路有两个深刻的"共鸣"之处。首先，它的真正着眼点其实既非思想史，亦非媒介史，而恰恰是"主体性"这个贯通古今的核心主题。聆听之所以尤其与主体性深刻相关，正是因为唯有它得以真正通达一个自我相关、自我指涉乃至自我触发（auto-affection）的

---

[1] Veit Erlmann, *Reason and Resonance: A History of Modern Aurality*, New York: Zone Books, 2010, p. 31.

"内在深度"（interior）①。看起来视觉和听觉一样，都首先指向外部的对象；但视觉却绝对无法实现"内在聆听"（inner listening）的那种直接、当下、真实的自我相关。简言之，我们只有借助外部的媒介和技术工具（比如镜子）才能"看到自己之看"（see my seeing），但却无需任何中介就可以直接地"听自己的听"（hear my hearing）。且不论这个内在深度在历史上所呈现的具体形态为何，是"浑然未分的灵魂"（undivided soul）②，还是康德式的"先验主体"③，但至少可以非常有力地回应前文的第二个根本质疑：为何在视觉图像剿灭主体性之际，听觉仍然能够提供抵抗之契机？那正是因为，听觉始终、向来指向一个不可缩减和还原的"内在自我"。听，从根本上说就是"自我聆听"，或许正是这个内部的共鸣空间在吞噬性的新巴洛克宇宙之中仍然为残存的主体性留出了一个隐蔽的角落。

但也许我们的这个判断并不完全符合Erlmann的思路。虽然他坦承，自己想通过这个理性与聆听彼此共鸣的历史来动摇视觉中心主导的稳定秩

---

① *Reason and Resonance*, p. 23.

② *Reason and Resonance*, p. 155.

③ *Reason and Resonance*, p. 171.

序，然而在全书接近尾声之际，他却多少带着无奈地得出了一个与 Cubitt 并无二致的悲观结论。只不过，Cubitt 描绘的是视觉主体的全面崩溃，而 Erlmann 则暗示出听觉主体的相似命运，他所说的"echoless"（无回声）的趋势并非仅指向现代音乐的症结，而更是在哀叹听觉之内在共鸣在一个日渐理性化技术化的世界之中的全面消亡。他例示的"十二音"音乐的系统又与 Cubitt 的那个数码新巴洛克世界何等相似：一方面是"自我封闭的"（self-contained）、彻底"理性化组织"的总体系统，另一面则是内在共鸣的逐渐消声。聆听变得越来越单向度了，我们只能听到声音，而越来越听不到自己。当我们沉浸在越来越复杂、高级、"保真"的音响系统和宏大"作品"之中时，当我们听得越"多"、越"细"、越"真"的时候，反倒越来越失去"感动"和"体验"。这无疑亦标志着"共鸣式自我这个概念之终结"[1]。

即便如此，遍览《理性与共鸣》全书，却仍然隐约发现两个得以超越此种"回声消亡"之噩运的线索。第一个跟巴洛克式的"迷狂"体验有关。在新巴洛克式的宇宙之中，视觉的迷

---

[1]　*Reason and Resonance*, p.311.

狂导致的是主体的瘫痪与无尽的空虚，但细究 Erlmann 的文本，我们会发现听觉之迷狂似乎并非全然如此。初看起来，他对新巴洛克风格的界定与前文所述并无太大出入，比如"沉浸""亦真亦幻""情感氛围"等等①，他甚至仿照 Glucksmann 的说法，将巴洛克式的聆听描述为"迷狂"（folie），"谵妄"（delirious），乃至"迷魅"（enchantment）。② 然而，即便表面上的特征和形态极为相似，但听觉的迷狂至少有一点不同于视觉的迷狂：后者始终是为对象所迷，是迷失于影像之间；但前者除了这个对象性的维度之外③，始终还具有一个内在的指向，那即是聆听为自身所迷，或者说，存在着一种听觉的迷狂，它体现出的是自我与自身之间独特的、内在的、本质性的关联。但既然是迷狂，那么此种关联肯定带有巨大的情感能量，尤其展现为"乐"与"苦"这两个方面。而借用 Benedetti 的经典说法，若说"乐"就是由"和谐音"（consonance）所带来的"感觉之软化"（softening, *leniunt*），那么"苦"

---

① *Reason and Resonance*, pp.88—89.

② *Reason and Resonance*, p. 90, 93.

③ "不稳定的、幻想式的"聆听所呈现出的正是主体和客体之间的"不确定"的关系: *Reason and Resonance*, p. 96。

相应地就是"不和谐音"(dissonance）所导致的
"尖锐"(sharpness, *asperitas*）与"刺痛"(pain,
dolor）①。那么，在数码新巴洛克的宇宙之中，到
底哪一种情感才能经由听觉之迷狂而真正敞开内
在的自我回声呢？似乎不会是乐，因为它所预设
的那种和谐的、整体性的秩序理应难逃系列化的
隐蔽算法的操控。那看来只能是苦的体验了，因
为它源自冲突和对抗，进而能够起到刺痛和唤醒
之功效。我苦痛，故我在。这或许才是由聆听导
向主体性重生的唯一希望。Erlmann 亦清晰暗示
出这条线索。比如，他重点援引 Müller 的研究，
首先揭示出声音"感受自身"的那种内在的自我
相关的关系②，然后又将此种关系进一步描绘为
如"疑病症"(hypochondria）般的苦痛形态，即
不断地、敏感地遭受"内在自我隐藏的不可闻的
秘密"(inaudible secret)③。在某些地方，他进一步
将这个主体内在的苦痛性共鸣拓展至主体间性的
维度，启示出以共情（empathy）④ 乃至"共－苦"

---

① *Reason and Resonance*, p. 100.

② *Reason and Resonance*, p. 206.

③ *Reason and Resonance*, pp, 211-212.

④ *Reason and Resonance*, p.114.

(cosuffering)① 为本质性纽带来重建灵魂之间共鸣的有效途径。

3. 一个哲学的插曲：德里达论 "内心独白"

现在我们可以回到德里达。《语音与现象》，看起来似乎文不对题，因为全书中真正讨论"语音"(la voix) 的段落寥寥无几，而且要么是隐喻，要么是推进论证的过渡环节，皆与真实的声音及听觉没有太大关系。但这只是粗浅的印象。实际上我们会发现，德里达的晦涩思辨恰恰可以呼应上节较为实证性的听觉史叙事，并由此打开听觉迷狂这个内在领域的不同面向，进而为我们下文对电影和游戏中的人声的阐释奠定基本的概念框架。鉴于对《语音与现象》的二手研究论著早已汗牛充栋，这里我们就直接切入相关要点。

首先，按照德里达的概括，胡塞尔在《逻辑研究》中的基本思路可以概括为这句话："观念性之观念性就是活生生的在场"(l'idéalité de l'idéalité

---

① *Reason and Resonance*, p. 328.

est le *present vitant*)①。由此进一步引申出这样一个基本的等式：

观念性 = 同一性（identité）= 在场 / 当下（présence/présent）= 生命（vie）= 先验我（Je transcendental）= 灵魂（l'âme）= ……

后面的省略号意思很明显，这个等式虽然自《逻辑研究》始，但实际上贯穿于胡塞尔的整个思想体系之中，因而几乎可以串联起他的所有基本概念。当然，与这个等式相"平行"的还有另外一串等式，这两个系列之间完全是诸项间的一一对应关系：

实在性② = 差异 = 不在场（non-présence）= 死亡（mort）= 自然我（Je naturel）= *psychè* = ……

实际上，这平行的两串等式的最后一项，那两个希腊词皆指"灵魂"，但含义却截然不同，如果说 pscychè 更带有心理、实在、经验的形态，或者说外向的"世间性"，那么 âme 则更指向着一个自我相关的纯粹的内在性领域。这内和外两条平行线的关系，正是《语音与现象》全书之解构操

---

① Jacques Derrida, *La voix et le phénomène*, Paris: Quadrige/PUF, 1993, p. 5. 斜体字为原文所有。

② "观念"与"实在"、"观念规律"与"实在规律"之分，是《逻辑研究》第一卷的核心主线。

作的直接起点。实际上，德里达更想斥破"平行"
之执念乃至幻象。之所以说观念性和实在性是平
行的，只是因为二者存在着严格的一一对应，如
果真的有哪一环出现破绽，那将对整个现象学体
系构成致命打击。但德里达的解构恰恰并非由此
入手，而更是首先针对平行关系之不可能性。平
行，根本上就意味着"相邻"但却绝不重合的关
系①，但德里达要揭示（揭穿）的正是，实在性其
实早已通过表象、重复、替补（supplément）等
等操作侵入、"感染"（contaminates）②了观念性之
线。一句话，并非内在之观念和意义有待"外化"
（extériorisation）③，而是各种外在的维度其实早已
渗透于、运作于内在性的领域之中，甚至二者的
边界早已含混莫辨（indiscernabilité）④。而真正将此
种平行又交织、看似泾渭分明实则彼此互渗的关
系呈现得尤为鲜明的，正是"语音"。一方面，语
音"捍卫着在场"⑤，尤其如内心独白这样的现象
几乎将内在领域之中自我与自身之间的切近关系

---

① *La voix et le phénomène*, p. 14.

② Vernon W. Cisney, *Derrida's Voice and Phenomenon*, Edinburgh: Edinburgh University Press, 2014, p. 129.

③ *La voix et le phénomène*, p.34.

④ *La voix et le phénomène*, p.15.

⑤ *La voix et le phénomène*, p.15.

(proximité a soi) [1] 推向了极致。哪怕我缄口不语，哪怕我默不发声，也完全可以在内心深处跟自己对话，而且更关键的是，每个人都有这样一种强烈的体验，似乎唯有这样一种内心独白才是回归内在自我的最本真途径。但另一方面，语音又并非全然归属于胡塞尔意义上的观念性，因为它不可能脱离"声音""听觉"这些自然的、实在的面向，更不能如观念性那般"超越于所有时间性之上"，而是必然要在时间之中有一个"存在、形成或消亡"的过程。[2] 显然，在语音之中，观念与实在、先验与经验，早已密不可分地缠结在一起。

这也是为何"内心独白"这个现象如此棘手但又如此关键。虽然在《逻辑研究》之中只是一小节的篇幅，但正是在这里，观念和实在这两条平行线难解难分地交织在一起。其实，在日常的语言表达和沟通的过程之中，此种交织的机缘真的是少之又少，也即，语音的外在方面（声音作为感性媒介）和内在方面（意义作为观念性内容）实际上总是可以被明确区分开来。同一个意义，可以用不同的声音形态和话语方式表达出

---

① *La voix et le phénomène*, p. 83. 斜体字为原文所有。

② 胡塞尔：《逻辑研究》（第一卷），倪梁康译，商务印书馆 2015 年版，第 82 页。

来，传递出去，但无论感性媒介和具体行为怎样
多变，意义总可以沿着观念性这条线而保持自身
同一。借用德里达的说法，"无限的可重复性"正
是观念性之为观念性的基本前提。[1] 在日常的言
语活动之中，声音可能会对意义的表达起到干扰
乃至阻碍的作用，但要说声音能够"渗透"到意
义的内部，甚至起到"替"和"补"的延异作用，
那可就接近天方夜谭了。如果说真的有这样的情
况发生，那也只能是在那些极端的艺术实验之中
才能见到，比如说声音诗（sound poetry）。这也
是为何，胡塞尔可以极有根据地在（以观念性为
前提的）含义（Bedeutung）之表达和（以实在性
为指向的）指示（Anzeigen）之间建立起"本质
性的区分"[2]。按照胡塞尔的这个区分，其实内心
独白这个看似纠结的现象并无难解之处。当我自
己跟自己说话的时候，我其实既没有在表达意义
（因为没有必要），也没有在进行指示、传诉和沟
通（因为没有可能）。说到底，"在孤独的话语中，
我们并不需要真实的话语，而只需要被表象的语

---

[1] *La voix et le phénomène*, p. 58.

[2] 胡塞尔:《逻辑研究》（第二卷 第一部分），倪梁康译，商务印书馆 2015 年版，第 331 页。

词就够了"①。一言以蔽之，在内心独白之中，意义是空洞的，指示是虚假的，我充其量只是想象自己在跟自己说话而已。这跟表演的情形倒是颇有几分相似。内心的独白，只是将真实生活中的话语行为移置于内心的虚幻舞台上再"表演"一番而已。当我面对他人说，"你这事儿干糟了，你不能再这样干下去"②，这里从"含义"到"指示"和"意指"的每一个环节都是真实而明确的。但当我转而在内心深处对自己说这句话的时候，那无非就只是像演员那般照着读了一遍剧本而已。因此，内心独白对于胡塞尔来说完全不重要，它充其量只是一个特例，是真实的表达行为的一种想象式变体而已，而德里达偏要抓住这个细枝末节来尝试"解构"整个现象学体系，只能说是无的放矢。③

———————

① 《逻辑研究》(第二卷 第一部分)，第 344 页。

② 《逻辑研究》(第二卷 第一部分)，第 345 页。

③ 概括起来，德里达至少犯了两个致命错误，第一是逻辑上的，也即把特例普遍化了，而作为"特例"的独白显然并无法真正揭示表达行为一般的、"本质性"的结构。第二是论证上的，在他看来，尤其在内心独白之中，观念和实在这两条平行线发生了关键的"缠结"，但根据胡塞尔的阐释，这种缠结没有、也不可能发生。

4. 听觉迷狂的四重向度：想象，时间性，死亡，想听

但所幸的是，在胡塞尔这一小节文本的最后，似乎隐约呈现出一个裂隙，那正是"体验"这个维度的凸显。在内心独白这个场景之中，即便表达和指示皆以想象的、表演式的形态呈现，但这里仍有真实的成分残留，因为"我们自己就在同一时刻里体验着这些相关的行为"[1]。这个戛然而止的短句至少给出三重启示：首先，体验是真实的；其次，体验是我们对自身的体验；第三，体验与行为之间是"同时"进行的。

前两点结合在一起，似乎就明确给出了一个通达"内在自我"的听觉体验。但遗憾的是，仅就《逻辑研究》的文本来看，这个体验即便以听觉的面貌呈现，但本质上却与听觉无关。在胡塞尔那里，体验即便有着各种复杂的含义，但有一个基本的规定性是始终不变的，那正是体验作为观念性的呈现。这也是为何，在第五研究的开篇，胡塞尔在区分"容易混淆"的"三个意识概念"之时，明确将心理学意义上的"体验流"和"内

---

① 《逻辑研究》（第二卷，第一部分），第345页。

觉知"跟真正现象学意义上的"意向体验"进行区分。由此我们也意识到，本文之前所提到的各种听觉的体验其实仍然未脱心理主义的窠臼。无论是日常的听觉体验，还是与媒介、文化交织在一起的听觉活动，在胡塞尔的意义上都仍然停留于事实性的层次上，因为我们尚未以现象学的方式呈现其背后的观念性含义和本质的意向性结构。[①] 简言之，"意向体验"这个核心概念中的重心是在"意向"，而体验仅仅是附属的维度，它的作用仅是作为呈现之场所与媒介："显相本身并不显现出来，它们被体验到。"[②]

然而，我们当然并不想重复现象学还原的基本思路，而恰恰是要进行一番彻底的逆转，进而找到《逻辑研究》和《语音与现象》之间的真正"缠结"点。还是回到"在孤独心灵生活中的表达"这一小节的最后一句话。胡塞尔在这里为何明确给出体验这个要点，但随后却骤然中断？首

①　诚如胡塞尔自己所言，对体验的把握必须从"经验－实在"的层次推进至"纯本质明察"：《逻辑研究》（第二卷，第一部分），第 689 页。

②　《逻辑研究》（第二卷，第一部分），第 690 页。相似的论述在《逻辑研究》中比比皆是，比如"同一性……从一开始便已在此，它是体验"（《逻辑研究》[第二卷，第二部分]，倪梁康译，商务印书馆 2015 年版，第 918 页）。

先当然是因为，即便从体验的角度来看，内心独白对于现象学研究的意义也是微乎其微的，根本不必展开。但为什么不能逆转方向进行思考呢？体验的价值难道仅仅在于它所呈现的观念性含义吗？① 难道挣脱这个"客观化"的背景，我们就无从揭示体验的别样面貌了吗？显然不是。内心独白的独特意义恰恰在这个地方显现出来，因为作为一种（从现象学视角来看）非常异样的体验，它恰恰是根本上去除了"含义""意指"等等所有的观念性背景。在这个意义上，甚至可以说此种内在体验具有一种纯粹性，它就是纯粹的体验，它就是自我对自身的体验，别无他物。因为"他物"皆为虚幻，唯有体验真实。

胡塞尔当然对这样一种"纯粹"至极致的内心体验毫无兴趣，但德里达在《语音与现象》中却给出了相当深刻的推进线索。虽然就整本书而言，试图从观念性自身的无限重复这个入口来进行解构，这样的思路是不太成功的，但在后半部分所提出的"自我触发"这个概念却展现出别样

---

① "使得纯粹逻辑领域的观念性对象和作为形成性行动的主体心理体验行为之间的此特殊相关关系成为研究主题。"（胡塞尔：《现象学心理学》，李幼蒸译，中国人民大学出版社 2015 年版，第 18 页）

的启示。自我触发不能说是德里达的原创，实际上，在胡塞尔的文本之中已经有明确阐释，再加上后来如米歇尔·亨利所进行的发挥，让这个概念逐渐成为现象学研究中的一个要点。但德里达在这里的阐释仍有可观之处，因为他正是以此将"差异"这个楔子牢牢地打进了内在自我之中："自我触发作为语音的运作，预设了某种对自我在场进行划分（diviser la presence à soi）的纯粹差异。"[1] 即便德里达没有明示，但似乎确实可以将"内心体验"就作为这样一种以差异为特征的"自我触发"的根本形态。基本理由有二。首先，德里达所谓的自我触发以差异、自我分裂为特征，而这就意味着，意向–体验这个概念之中的那种根本性的"统一性"关系必须被否弃，或者说得明确些，斩断体验与观念性之间的关系，进而将体验"还原"为极端的纯粹形态，这恰恰是营造差异性的自我触发关系的真正起点。其次，这种差异性的关系又绝非全然导致自我的分裂，比如裂变为触发者–被触发者之间的分离而对立的关系，而其实更是以差异为纽带营造出一种自我与

---

[1] *La voix et le phénomène*, p. 92.

自身之间更为切近的关系。[①] 这样一种既差异又亲密的自我关系[②]，正是通过内心独白这样一种听觉之迷狂体验而实现的，这也正是德里达在这里明确点出"voix"这个要点的根本原因。

但若想进一步推进这个思路，并将其落实于电影和游戏的场域之中，仅仅局限于内心独白这个相对狭隘的领域就显得不太充分了，随后我们拟引入"幻声"（acousmatic voice）这个晚近听觉研究中的关键概念，来对德里达文本所启示出的自我触发的几个相关要点进行深入细致的展开。概括起来，大致有四个要点，分别是想象、时间性、死亡、意志。这四极之间的关系也很明晰：想象是起点，时间性是基本形态，死亡则打开差异的维度，而意志最终回归于主体性这个旨归。

想象这个起点，首先是源自胡塞尔自己的论述，而德里达也明确强调了"虚构"这个"特殊的表象类型"[③]的重要性。内心独白的首要特征正在于其虚幻、虚构，甚至表演的形态，它所打开

---

① *La voix et le phénomène*, p. 92.

② 德里达极为生动地将此种关系描述为"同一性与非同一性之间的同一"（*La voix et le phénomène*, p.77）。

③ *La voix et le phénomène*, p. 55.

的内在性领域首先就展现为一个虚幻的听觉舞台，在其中，即便一切皆"幻"，但唯有体验为"真"。这就一方面突显出"自我聆听"的那种"迷狂"的本性，但同时又明确指向了自相关、自我触发、自体验的主体性这一核心。"声之幻"，这也将是我们展开下文缕述之起点。

由此就涉及时间性这另外一个关键点。根据德里达的概括，胡塞尔的"意识"概念最终所指向的无非是自我在"当下"（présent）面对自身之"在场"（présence à soi）。在这个自我－当下－在场－生命的贯穿线索之中，当下之时间性显然是一个核心要点，因为正是在这里得以真正落实差异又同一的自我触发的体验。这就涉及胡塞尔和德里达对"当下"之时间性的两种截然相反的理解，即"流"与"点"之间的鲜明对立。在胡塞尔的内时间意识理论之中，当下－现在显然是起点和核心[1]，但它虽然表面上呈现出"点状"的形态，实质上却仍然指向"流"之统一关系，甚至从最根本上说，还有"一个不流动的、绝对固

---

[1] "在活的存在源泉点中，在现在中有一再更新的原存在涌现出来"（胡塞尔：《内时间意识现象学》，倪梁康译，商务印书馆2010年版，第115页），而"同一个现在"这样的说法更是比比皆是。

定的、同一的、客观的时间构造起自身"①。一句话，在胡塞尔那里，点与流是同一的，点是本原，是核心，但它必须、必然要在流之中展现自身并由此贯穿起内在的统一性。但在德里达这里就正相反，间断的"点状"（ponctualité）才是最根本原则②，正是这些离散的"现在-点"才足以瓦解现象学式的自我面对自身的在场，进而敞开另一种差异性的自我触发的关系。胡塞尔的"同时""同一"的现在点确证的是在场性，确保的是本原性；但德里达的点状现在则恰恰要在"当下-在场"的最内在核心撕开一个"复归之褶皱"（pli du retour）③的裂痕。这个裂痕的最基本形态正是点与点之间的"彻底的中断"（la discontinuité radicale）④，由此才得以彻底斩断点与流之间的统一，瓦解在场与当下之间的内在同一。我们在下文将看到，此种"彻底中断"的现在点，似乎唯有在晚近数码平台的电影和游戏之中才得到最为彻底的实现和贯彻。

由此就涉及死亡这第三个要点。离散的现在

---

① 《内时间意识现象学》，第 109 页。

② *La voix et le phénomène*, p. 68.

③ *La voix et le phénomène*, p. 62.

④ *La voix et le phénomène*, p. 72.

点瓦解了自我在场，由此也就从根本上动摇了生命这个现象学的基本前提。从生到死的转变，也正是从自我在场向自我触发进行转变的关键契机。德里达在全书最后明确指出，与自我的差异性的关系，就是与死亡之间的关系。[①] 但这个引入看似颇为突兀，有必要对背后的论证稍加阐释。首先，在胡塞尔那里，"我"-"在"（suis）-"当下"-"在场"，同时也就意味着我是不朽的（Je suis immortel），因为即便体验流变迁不居，现在点的流变之力也总会耗竭，但在体验流背后却恰恰始终存在着那个观念性的"不流动"的本质性的时间构造。正是这个"不变"的观念性从根本上拯救了现在点的"可朽性"。由此不妨说，在胡塞尔那里，生命的基本原理恰恰亦是、根本上是观念性的。但在德里达那里就恰恰相反了，点与点之间是彻底间断的，在离散的点之间，既没有流的贯穿力量，更不可能有来自含义和观念的更高的拯救力量。由此，前一个点的寂灭，后一个点的生起，此种"方生方死"的时间性，几乎就是一个不可回避的结论。"我在当下"（je suis présent），在德里达这里，也就同时等于"我是有

---

① *La voix et le phénomène*, p.114.

死的／必死的"（je suis mortel）。[1]

　　还剩下第四个要点，那正是"想说"
（vouloir-dire）这个内在的根本动机，但同时也
明确指向主体性这个根本旨归。但德里达的论述
在这里尤其显得含混不清。首先，"想说"预设
的就是内与外、心与身、表达与指示之间泾渭分
明的分化边界，由此显示出向着内在性领域的极
端回归。一方面，"想说"是最为纯粹而内在的
表达行为，是含义在意识之中的最直接、纯粹、
"无中介"的在场，它由此展现出自我与自身的
那种纯粹的内在关系；其次，它又不只是一种自
我关系，而更是体现出一种趋势和动态，也即意
志的活动。从根本上说，其实表达并不追求任何
的外化，因为唯有在内在意识中纯然的自我在场
才是它的最理想形态。因此，也就可以理解，任
何表达的背后总是体现出一种"回收""自持"
（réservé）[2]的基本态度，拒绝外化，持守内在，
因为如此方能捍卫在场和自我在场不受外在因
素的影响乃至"污染"。借用 J. Claude Evans 的

---

[1]　由此看来，像 Vernon W. Cisney 那样把死当作观念性的指向，
　　把生当成是自我触发的本质，这几乎是完全搞错了德里达原本
　　的意思：*Derrida's Voice and Phenomenon*, p. 151。

[2]　*La voix et le phénomène*, p. 36.

说法，"想说"作为意志的根源似乎指向着一个比表达更深的内在向度，那正是主体自身的自我"拥有"（possesion）①。但这里就出现了两个棘手的难题。首先，胡塞尔似乎从未真正坚持甚至提出过表达的极端内化这个所谓的"意志"维度，也全然无意以此来解释内心独白的现象。其次，德里达最终仍然把"想说"归于在场形而上学，而且尤其把这个意志的根源归于"精神"（Geist）这个更高的维度。而我们下文结合电影和电子游戏的阐述，正是试图进行双重逆转，首先，我们赞同德里达，仍将"想说"作为内心独白的意志本源，但却将"想说"替换成"想听"（vouloir-entendre）。其次，我们不赞同德里达仅将"想说"归于精神，而试图回归"灵魂"（Seele）这个根本向度，并由此展现其自我触发的根本形态。

不妨先给出下文展开论述的大致图示：

---

① J. Claude Evans, *Strategies of Deconstruction: Derrida and the Myth of the Voice*, Oxford & Minneapolis: University of Minnesota Press, 1991, p. 62.

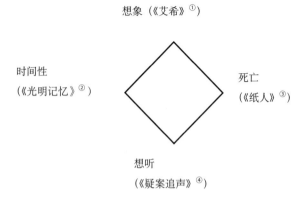

想象（《艾希》[①]）

时间性
（《光明记忆》[②]）

死亡
（《纸人》[③]）

想听
（《疑案追声》[④]）

    注意我们选择这四部作品的依据既非时间线索，也非分类模式，而更是基于概念上的辨析框架。不妨借用米歇尔·希翁的说法，我们只是想为"游戏中的人声"（The Voice in Game）这个方兴未艾的主题建构出一个大致的"理论纲要"。[⑤]

---

① FantaBlade Network:《艾希》（Icey），Steam 平台，X.D. Network, Inc. 发行，2016 年 11 月 17 日。

② FYQD-Studio:《光明记忆》，Steam 平台，FYQD-Studio 和 Playism 发行，2020 年 3 月 26 日。

③ 北京荔枝文化传媒有限责任公司:《纸人》，Camera Game 和北京荔枝文化传媒有限责任公司发行，2019 年 4 月 19 日。

④ 腾讯 NeXT 游戏工作室:《疑案追声》，腾讯 NeXT 游戏工作室和哔哩哔哩发行，2019 年 3 月 29 日。

⑤ Michel Chion, *The Voice in Cinema*, edited and translated by Claudia Gorbman, New York: Columbia University Press, 1999, 'Author's Note', ix.

5.四部游戏作品解析

（1）《艾希》（Icey）：作为"幻声"的旁白

我们在这里不拟、亦无力全面处理电子游戏中的视与听、影像与声音的关系，还是直接切入"内心独白"这个主题及其四个要点。那理应先从"想象"这个真正起点开始。内心独白的想象特征，在当代的聆听哲学之中实际上早已有一个现成的词与之对应，那正是"幻声"（Acousmatic）。我们强调"幻"而非单纯的"想象"或"虚构"，正是意在突出游戏人声的那种"幻"与"真"交织的基本形态。

何为"幻声"？希翁有一个明确的定义："一个声音被听到，但它的起因（cause）或来源（source）是不可见的。"[①] 这里有两个要点，一是对"声源"这个物理上的"原因"的被动或主动的拒斥；二是倾向于用相对纯粹的听觉模式来取代日常生活中的视觉主导的感知模式。实际上，幻声这个说法源自当代声音哲学真正先驱皮埃尔·舍费尔（Pierre Schaeffer）对"三种聆听"模式的根本区分（不妨参考希翁《视听：幻觉的建

---

① *The Voice in Cinema*, p. 18.

构》第二章的清晰概括），也即"因果聆听""语义聆听"和"还原聆听"。因果聆听指向声源，语义聆听指向意义，而还原聆听则指向声音本身："将声音……作为被关注的对象本身，而不是作为其他意义的载体。"[1] 在这里我们发现，这与我们前文试图从胡塞尔的"内心独白"中所"别样"引申出的无意义、非沟通的自我聆听的体验真是非常契合。实际上，虽然舍费尔的本意是说，对于任何的声音都可以采取极端的还原聆听的态度，但严格说来，显然唯有内心独白这个活动才是通达还原聆听最天然也最理想的场合。

　　还原聆听中真幻交织的面貌是极为生动明显的。从幻的角度看，一旦声音被抽去了它的声源和意义，那也就瞬间斩断了它与真实世界之间的"所有"关系，声音看似开始游离于世界之外，变成了无实体、无基础，甚至无具象的"幽灵"。但这个幽灵似的幻声又同时展现出一种"真"，即声音本身之真，它让听者开始注意到那些在日常世界之中被遮蔽、遗忘、扭曲的"声音固有音质"[2]。但这又何以能做到？还是拿人声来说。在

---

[1]　米歇尔·希翁:《视听: 幻觉的建构》，黄英侠译，北京联合出版公司 2014 年版，第 26 页。

[2]　《视听: 幻觉的建构》，第 28 页。

日常对话之中，要想剥离说话者所表达的意义、所指示的对象等等基本因素去纯粹聆听"声音本身"，那几乎是全无可能的事情，或者说只有在极端异常的精神错乱的情形之下才有可能。而当我们回到内心独白这个现象时，情形似乎更为诡异，既然我们根本没有发出真实的声音，那就是说，连"声音本身"也被进一步剥离，而唯余声音之幻象。更戏剧性地说，在内心独白中，声音变成了幽灵之幽灵，或者说，它将内在领域瞬间化作虚幻的声音形象的共鸣箱。

而一旦进入到电影和游戏的视听世界之中，这个人声的双重幻境就显得更为错综复杂乃至扑朔迷离。这尤其体现于希翁在《视听》的"视听幻象"这一章中所极为深刻地阐释的"无形音"（invisible voice）[1] 这个典型现象。声音本来就是无形的，但在日常生活中，我们总是试图给它赋予各种各样的形象（声源，意义）。在电影之中，这样一种为声音"立义"的做法在技术手段的推波助澜之下就更是变本加厉，声音越来越跟影像捆绑在一起，被强制性地缔结视听同步的"契约"。但还原聆听这个概念就启示我们，其实声音还有

---

[1] 《视听：幻觉的建构》，第 110 页。

一个独立的本体在时刻抵抗着各种强加的立义。无形音正是此种抵抗的极端形态。在希翁的笔下，无形音体现出四个基本要点：上帝视角，异域的神秘性，宿命感，悬念。上帝视角，无非是突出无形音的全知、全能、全视的至上地位[1]，这尤其体现于那种"明确超然的旁白者"[2]的情形。只不过，诚如希翁所言，此种情形并不能算是真正的无形音，因为旁白的人声几乎全然游离于影像和叙事之外，变成了凌驾于影片本身之上的一种超越的秩序。因此，真正的无形音不能只局限于"外"的超越视角，更是理应跟电影之"内部"产生种种缠结。而异域的神秘性这一点就是如此，它看似"已经走到另外的地方，与现实脱节"[3]，但实际上却以敞开不可见的声音场域的方式赋予影像一个"微妙而不同的纵深面"[4]，让影像变得更为立体、含蓄、充满意味。进而，"宿命感"突出无形之音与有形之像，游离在"外"的人声与影片之"中"的人物之间复杂交错的关键节点；而悬念则将无形音的那种抵抗之强力展现到最为

① 《视听：幻觉的建构》，第114页。

② 《视听：幻觉的建构》，第113页。

③ 《视听：幻觉的建构》，第107页。

④ 《视听：幻觉的建构》，第109页。

极致，因为它甚至可以用突然消声的方式来赋予影像本身所无法真正抒写和实现之真实："声音消失时，我们对于影像的注视更有洞晰力"①。

由此我们发现，在《艾希》这部优秀的国产独立游戏之中，无形音的形态似乎尤为突出，耐人寻味。首先，在这部作品之中，游戏性本身被明显置于核心的地位，而叙事和情节都只被压缩到极简。这本也是十分自然的选择。因为在此种街机风的快节奏横版过关游戏之中，玩家几乎只关心一件事情，那就是打打杀杀的刺激场面，而且他的注意力也高度集中在战场上面即将出现的各种危险敌人。在这样的整体氛围之下，过于铺陈情节会对游戏性本身造成无谓的破坏。就操作性而言，这部游戏的表现应当说是颇为出色的。各种炫目的连击、自由组合的技能，甚至由影像和声音所烘托的打击感，都令人印象深刻。但或许正是基于这个考虑，开发者采用了一个此类游戏中极为罕见的手法，就是为动作场景添加了人声的旁白。成功与否姑且不论，但这个手法绝对够新鲜够大胆，因为它无疑为这个本来就极为"平面"的游戏增加了一个颇为电影式的人声的

---

① 《视听：幻觉的建构》，第 117 页。

"深度"。一众玩家对"旁白君"的迷恋，似乎即是明证。

当然，旁白君看似只是一个简单粗暴的"上帝视角"，甚至往往化身为对小女孩指手画脚的父权形象，那种字正腔圆、拿腔拿调的发声似乎更增强了此种印象。但仔细聆听游戏中那些旁白的男声，会发现其实绝非如此简单。首先，这个人声旁白显然具有一种审美体验的氛围。它确实让人忆及，在院线尚未普及、影院极为稀少的年代，大众喜闻乐见的那种以广播剧形式所"复述"的电影情节。今天想来，这堪称是一种极为前卫的实验手法，因为绝大多数听众都并未真正"看"过影片，而全靠"听"来领略了整部影片的全貌。这正是"听觉叙事"的典范。但也正是由于声音本身在叙事方面具有先天的劣势，所以充满感情的旁白就成为撑起叙事的重要的人声线索。我们在《艾希》之中所听到的正是极为相似的手法。一方面，男声旁白确实更为突出了本来薄弱的剧情线索，不仅增加了影像的深度，更是给游戏的进行增加了一个额外的动力，让关卡之间的连接显得更为顺畅。换言之，它在很大程度上突破了影像的平面"框架"（frame），而拓展出一个敞开的"画外"空间（offscreen space）[1]。另一方面，这个旁白的无形音当然不会具有什么神秘感和悬念之力，但它仍然具有一种烘托"宿命感"的情感之力。亦与希翁的论述颇为一致的是，在《艾希》之中，旁白在一些关键场景（比如面对大Boss之前）之处变得尤为抑扬顿挫，也带着更为浓烈的感情，这样似乎就愈发拉近了与主角之间的距离，向她预示即将到来的危险，进而激发她身上迎接决战的勇气和信念。一句话，这个时候出现的旁白，更像是命运之声，而这个声音更是直接跟主角自身，跟战斗这条操作性的主线交叠在一起。

但即便如此，旁白的男声仍然是来自外部的视角，而跟内心独白全无关系。即便我们全程佩戴耳机，让人声更为直接地注入耳朵，也始终只会觉得那个声音是来自"别人"，而并不会由此产生自我和自身的反身性关系。一句话，我们会将自我投射于屏幕上的艾希这个主角形象，也会以操作键盘和鼠标的肢体动作跟艾希这个虚拟形象（figure）产生直接的对应乃至认同（identification）。但对于旁白君，如此的对应和认

---

[1]　*The Voice in Cinema*, p. 22.

同无论如何都不会发生。但还是让我们再仔细听，认真听。正如旁白男声跟艾希的命运屡有交错，其实此种宿命感也同样会出现于玩家和无形音之间。一个最戏剧性的场景恰恰出现在整部游戏的结尾之处，当艾希最终击败了犹大，为艰辛的战斗历程画上一个完美的句号之时，导演的镜头突然发生了一个转变，开始向艾希拉近，逐渐给出一个面部的特写。这应该是整个游戏过程之中，玩家第一次清晰看到主角的面庞。在这个停留时间并不算短的特写镜头之中，玩家不仅更为强烈地体会到与主角之间身份、情感方面的种种认同，而且更有一种逐渐清晰的感受：那些看似游离的旁白，或许正是艾希说给自己听的声音？那些充满指引、激励和紧张的声音，虽然听起来绝不是那个女孩儿自己的声音，但在那一刻，在最终胜利的时刻，它似乎水乳交融地与浴血重生的艾希完美贴合在了一起。诚如希翁所言："无形音角色的一个固有特征就是它可以被立即剥夺它的神秘能力，……当它被解除无声源化（de-acousmatic）时，……人声找到了它的归属并被局限于一个躯体。"[1] 是的，游戏之外的无形人声和游戏之内的

---

[1] 《视听：幻觉的建构》，第 115 页。

鲜活人物，在最后的这个特写镜头之处交织在一起，声音被归属于一个身体，它不再是漂泊无依的幽灵，而变成了有血有肉的生命。正如在电影之中，即便我们听到的并非自己内心的声音，但仍然可以在导演巧夺天工的手法之下在自己之"身"与屏幕之"声"之间形成一种激荡灵魂的共鸣。[①] 在游戏之中也是如此，无形音的编配固然是一个常见的手法，但更令人深思的恰恰是那些化不可见为可见的"声"与"像"相互缠结的充满宿命感的结点。将旁白的无形音化作自我触发的根本媒介，这似乎正是电影和游戏所共通的一个幻声手法，而游戏因其更突出操作性这个核心而似乎更能将这个手法带入切实的境地。这里，我们看到，幻声这个起点已经极大地深化、拓展乃至修正了胡塞尔和德里达的内心独白的概念。所以它足以作为我们展开下文的论述的真正起点。

（2）《光明记忆》与点状时间

为什么是《光明记忆》？这难道不就是一部表现上佳的国产第一人称射击游戏而已？固

----

① 比如希翁所说的聆听电影中的人物呼吸的真切体验："a subject with whom we identify through auditive mimesis"，*The Voice in Cinema*, p. 53。

然，其中出现的女声旁白明显要比《艾希》更接近内心独白的情形。但是，这个自始至终贯穿的人声又真的在游戏本身的发展运动过程之中起到了重要的推动作用吗？或许真的微乎其微。但问题当然并不直接与这部游戏相关，而更是涉及第一人称射击游戏这个重要的游戏类型。在这个名号之中，"第一人称"（first person）和"射击"（shooting）之间的张力其实远比看起来得更为明显。"第一人称"的目的当然是拉近视角，更为突出游戏的沉浸性和交互性。但这充其量只是一种"障眼法"的操作而已，并没有多少敞开乃至建构"内在性"领域的功效。简单说，有两个明显的原因。首先，所谓的第一人称其实并没有明显的优先地位，它无非只是游戏"之中"可以自由切换的视角而已。基本上，主流的第一人称射击游戏都会提供各种视角的转换功能，当切换成第一人称视角的时候，玩家并没有多少想"切近自身"的想法，而不过是想找一个可以更清楚准确地射击的角度而已。尤其在"狙击"任务的情形之中，第一人称几乎是唯一可行的射击视角。

接下来就涉及第二个原因了。那么，第一人称视角的那种颇为明显的沉浸式体验又如何理解呢？比如，在紧张刺激的战斗或闪躲的场景之中，玩家能听到自己的心跳、呼吸，那或许真的是极为逼真的内在体验吧？甚至在受到致命伤的时候，那种满屏流血、视线模糊的场景也或许颇为接近所谓的近似体验吧？或许确实如此，但当内心独白的人声介入之时，却发生了一种极为明显的分裂效应。大致说来，《光明记忆》中舒雅的旁白有三种主要的形态。第一种情形往往发生在电影式的过场之中，比如游戏开始处，她和卡特之间一触即发的对峙。这里，玩家并不会与她的声音产生任何的"认同"，更不会产生向着自我体验乃至自我触发进行转化的契机。这个声音无非只是游戏"中"的"那个"女主角所讲出的话语而已，无论怎样充满戏剧性的语调，它都接近情节那一边，而远非自我这一极。

　　第二种情形就更为常见，那就是人声更贴近第一人称的视角，也确实展现出独白的功效，但同样没有任何打开内在性向度的力量，只是起到给主角的行动提供暗示和指引的作用。比如，在破解那个地面转盘的谜题之中，舒雅提醒自己要看墙上的图画。这虽然是独白，但显然并不是自己跟自己在说话，而更是发自一个全能全视全在的"上帝视角"所给出的明确指示。再比如，在沿着即将坍塌的斜坡飞速下滑，几近失控的危急时刻，舒雅的声音显得紧张而焦虑，但那种自己给自己打气的激励的声音也总是显得若即若离，甚至漂浮于游戏的真正织体之外。

这样一种疏离感在第三种情形之中就更为明显。那就是在真正的战斗场景之中，女主总是陷入彻底的沉寂，除了必要的呐喊和肢体动作发出的声音，人声在这里似乎全然多余，甚至毫无在场的必要乃至可能。你当然会质疑说："这还用说？在无数敌人从天上地下蜂拥而至的时候，在稍不留神就会命丧黄泉的紧张时刻，还会有功夫自己跟自己独白？还会有闲情自己体验自身？"没错，但这正是第一人称射击游戏的最根本症结所在。或许，它是以"剿灭主体"为终极要务的数码"新巴洛克游戏"的极致体现：一面是无限诱惑、极度沉浸的自洽而封闭的战斗场景，在其中，唯有"玩下去，挺住别死"是最高律令；另一面，则是无限疏离、悬浮无根的"内在性"体验。其实与其说体验，还不如说是"内在性空洞"。正是在这个意义上，第一人称射击游戏将数码巴洛克的悖谬逻辑毫无掩饰地推向极限，"第一人称"的本意是增加玩家在游戏"之中"的真实在场感，而独白人声的加入本是为了更好地烘托这一主体性的体验，但随着游戏的深入和展开，第一人称的玩家却越来越化作游戏"之中"的一个视角，游戏"之内"的种种操作。"我"是谁？"我"又到底在哪里？这些根本性的问题只是被无限弃置而已：游戏中的那个我，正在激烈厮杀的那个我，忙乱地陷入各种操作之中的那个我，其实既不在任何地方，也绝不可能指向任何真实的内在体验，它无非只是漂浮于游戏织体的表层，附赘于操作之边缘的那个"若有若无"甚至"可有可无"的空洞的幽灵般的影子。苍白空洞的独白，无论怎样忸怩作态，无论怎样营造情感氛围，最终都只是加深了被掏空、被剿灭的主体内在的那个巨大的黑洞而已。但这并不是精神分析意义上的所谓创伤和裂口，因为这个空洞本来就是游戏操作所留出、制造、操弄的实实在在的"游戏效应"而已。那些看似疏离而悬浮的人声独白，如果真的意在起到任何实质性的"效应"的话，那正是在早已空洞、始终空洞的内部营造出一种"在场"的幻象。"玩下去，作为你自己玩下去，为了你自己在游戏之中活下去！"游戏对你发号施令。但你会问："我是谁？我在哪里？"那么游戏就会进一步回答说："你就是你啊，你就在这里啊，听，你不是自己在跟自己说话？你没听到你的内心独白吗？那个声音跟你说：战斗下去，千万不能挂！"

也正是在这里，点状时间这个问题以截然不同的极端面貌呈现出来。在《语音与现象》之中，德里达试图以离散的、点状的现在来从根本上瓦解胡塞尔那里的点与流之统一及其背后的观念性结构。但他当然从未给出此种点状时间的任何具象形态。并不令人意外的是，恰恰是在第一人称射击游戏此种新巴洛克游戏的极致形态之中，我们发现了时间点的断裂可能。但这样一种断裂却全然未展现出任何德里达意义上的"解构"的潜能。疏离漂浮的人声，时刻都在突显出可有可无的内在空洞。这里既没有胡塞尔意义上的自我在场，也同样没有德里达意义上的差异性"迂回"，而只有彻底的、不带任何修饰和掩饰的断裂。在游戏中连贯的只有一件事情，那就是承上启下的操作，此起彼伏的战斗，至于在这些操作和场景之间是否真的需要一个连贯性的时间线索，乃至一个有待敞开的内在性领域，一个有待建构的主体性形态，这些都是不重要的问题，甚至连问题都算不上。"游戏说，此处应该有人声，所以就有了人声"，但这也只是为了不让内部的空洞显得太过显豁而已。无论怎样，让声音填补这个内在的缺口吧，至于这个声音是真是假，是你自己的还是任何人的，那又有何区别呢？一句话，在游戏的新巴洛克宇宙之中，剿灭的主体和断裂的时间，这二者简直就是合二为一的。

由此就想到关于"女声"的另外一段公案。在《电影中的人声》之中，希翁曾说过两段近似的耐人寻味的话。一开始，他就明确将男声与女声截然对照起来："男人的喊叫总是限定（delimits）出一片领地，而女人的尖叫却不得不应付无所限定（limitless）的局面。……尖叫之点所在之处，正是话语骤然消亡之处，是一个黑洞，是存在的出口（exit）。"[1] 这个针对女声的说法其实可以体会出一正一反的双重含义。从正面看，女声无法在影像空间和话语秩序之中有一个明确的"可限定"的位置，这也许恰恰是它的力量所在，因为这样一来它就可以起到拓展、连接、撕裂、敞开，乃至转化的功效。如果说男声都是明确可见的，有着相对固定的位置，那么，流动、弥漫的女声就恰好可以铺展开一个不可见的背景场域。正是因此，希翁在后文补充说，"只有一个女人的声音才能如此地侵入并超越（transcend）

---

[1] *The Voice in Cinema*, p. 79.

空间。"① 而这样一种弥漫的女声形态或许也确实
会让人想起生命之初在羊水中、在怀抱里所听到
的温暖而又包容性的母体的声音。然而，看似希
翁明确肯定了女声在电影中的积极作用，但 Kaja
Silverman 却对此持激烈的批判立场，因为无所限
定甚至不可限定的位置恰恰表现了男性霸权的影
像空间对女性声音一种最为彻底的歧视乃至排斥。
为什么希翁那么偏爱女人的"尖叫"？那无非是
因为在他看来，这样一种声音恰恰可以与影片的
主导叙事、意义甚至人物的自我认知彻底"隔绝"
（sequester）开来，由此证明，电影中如果真的给
女性留出了什么"优先"的位置的话，那正是这
样一个被强制掏空的毫无意义和明确功能的空洞
主体：女人在电影中最完美的人声形态恰恰是、
只能是"噪音、诳语和喊叫"②。

　　当然，我们无法亦无力对二者的这场争论给
出一个明确的评判。但不妨由此针对本小节的论
述引申出一个进一步的观察。首先，人声的"限
定"和"非限定"的这双重面貌显然是一个相当

① *The Voice in Cinema*, p. 119.

② Kaja Silverman, *The Acoustic Mirror: The Female Voice in
Psychoanalysis and Cinema*, Bloomington and Indianapolis: Indiana
University Press, 1988, pp.77-78

深刻的区分，但当电影和游戏进入到数码新巴洛克阶段之后，单纯从性别的角度来对这两个方面进行相应的描述就显得不再充分了，因为不单单是女声被迫陷入非限定位置这个尴尬又无力的境地，实际上，一切人声如今都越来越被清除了它的表达力量，尤其是自我触发、自我体验的这个内在性指向，而日益沦为空洞主体内部的更加空洞的回声效应。既然如此，Silverman 的警示就更具有一种普遍性的意味。不断被掏空、悬置、操弄的不只是女性的声音，而更是深陷于巴洛克宇宙之中的我们每个人自己的真真实实的声音。

（3）《纸人》中的死亡之声

在《语音与现象》中，间断的时间点直接指向死亡这个维度。正是因为点与流的统一不再受到观念性内容的终极庇护，"我"也就顺理成章地从"不朽"之荣耀堕入"可朽"之宿命。在此生彼灭的时间点之间，自我也就随之化作"方生方死"的形态。但即便失去了观念性生命这个先验的本原，自我却展现出另一种更为直接而真切的自我关系，那正是自我触发。正是在时间点的差异性张力之中，正是在死亡这个断裂的间隙之中，自我才真正找到了触动自我的根本的内在动力。

　　但再进一步深入思辨，这个基本思路就显得疑窦丛生了。时间是间断的，"我是可朽的"，由此我才可以进行无限的差异性的重复。不过我们还可以且理应进一步发问，到底什么力量使得时间发生断裂，使得自我方生方死？由此我们突然发现，其实德里达只是抛出了一个结论，带出了一个问题，却没有给出任何实质性的回答。当然，在《语音与现象》中已然暗示、在《论文字学》中更是透彻阐释的另一条思路，则明确将"书写－痕迹"作为激发"当下－在场"之中的"非－在场"和"他异性"（l'altérité）①的根本力量。但结合本文的思路，我们仍可以进一步追问，为何语音、人声本身就不具备此种营造断裂、敞开差异的他异性力量呢？至少从上文对于两部游戏作品的分析来看，人声是否完全具备这样一种力量，而且与书写这种看似游离于外部的媒介相比，人声（尤其是内心独白之声）显然更具有在自我－在场的内部撕开裂隙的能力？

　　就此而言，Malden Dolar 在专研人声的经典之作《一个声音，别无其他》（*A Voice and Nothing More*）之中给出了一个极具启示性的线索。她

---

① *La voix et le phénomène*, p. 74.

首先重申了德里达的立场，指出如内心独白这样的声音展现出自我触发的真切形态，由此捍卫着直接而原初的自我在场。但她随即指出，还存在着另一种"延迟的人声"（deferred voice）①，由此从根本上瓦解了内心独白的那种"自恋"（narcissim）。她援引 Narcissus 和 Echo 这一对古老的神话形象说明这个道理："返归的声音不再是他[Narcissus] 自己的，虽然返归的仅仅是他自己说出的语词（words）。"② 在回声（Echo）这个神奇的现象之中，确实存在着语词（意义）和声音（媒介）之间的鲜明差异。语词无论在外部空间之中怎样传播，向何人传播，它所表达和包含的意义是始终保持同一的。能够在不同的行为和情景之中实现、贯穿自身的同一性，这恰恰是观念性的力量所在。但声音可就不一样了。一旦脱离了纯净而孤独的内在领域，一旦"冒险"进入到外部真实的空间和环境之中，它就时时刻刻经受着各种差异的、外部的"感染"，因而当它再度以回声的形式返归之际，早已不再是那个原初的纯净之声了。这种怪异的感觉就像是："我听到我说的

---

① Malden Dolar, *A Voice and Nothing More*, London and Cambridge: The MIT Press, 2006, p. 40.

② *A Voice and Nothing More*, p. 40.

那句话，但听起来就怎么都像是发自'另一个人'之口。"但其实回声之现象远非神话，它是普遍存在的物理现象，在如今，它更是无孔不入的媒介现象。在声音技术和媒介尚不发达的时代，要么我们只能在真实的物理空间中听到真实的回声，要么我们只能在内心的空间中"表演"虚拟的回声。但在今天，电话、网络、手机、录音笔……已经有层出不穷的技术和媒介能够记录、处理、修改乃至"杜撰"回声。一句话，我们可以随时随地、随心所欲地听到自己的回声，这不是神话，也不只是物理，这就是真实的生活。媒介化的回声，正是 Dolar 所谓的"延迟之声"的极致形态，也正是它足以在内在的最根源之处撕开自我在场的差异性间隙。

由此，Dolar 总结道，"自我在场和自我主宰（self-mastery）的自我触发的人声不断遭遇到来自它反面的对抗，也即那个棘手的他者之声，那个他无法掌控的声音。"[1] 这样看来，确乎可以说，德里达最终留下的那个问题，恰好在拉康那里得到了回答：到底是何种力量在当下－在场之中营造出差异？正是那个作为他者的媒介化回声。但

---

[1] *A Voice and Nothing More*, p. 41.

在我们看来，拉康也只说对了一半，或者说他遗留的问题仍然需要在《语音和现象》中寻觅进一步的答案。首先，根据拉康的思路，正是他者之延迟回声使得自我在场无法内部闭合，由此撕裂出一个内部的空洞，但我们总要追问一句，这个空洞到底呈现出怎样的形态呢？拉康会说，那就是沿着能指链无尽滑动的"无基础"也"无实体"的主体这个"空洞的位置"（an empty space）①。但这并不是一个很有助益的说法。首先，我们欣然接受将主体视作空洞位置这个深刻的说法，但必须看到的是，这个内部的空洞并非仅仅是语言制造的效应，而更是技术和媒介所产生的实实在在的效果，其中并没有任何晦涩难解之处，也完全不需要画出那些匪夷所思的拓扑图来解释。那么，这个效果到底是怎样发生的呢？它的典型形态又是怎样的呢？德里达所给出的"可朽"之死似乎恰好可以反过来给拉康一个更为切实的回应。返归的他者之声早已脱离了自我在场的生命之源，进而在媒介处理和技术操控之下变成了无生命的死亡之声、幽灵之声。返归的，不仅不是"原来的我"，而且更不是"有生命的我"。这才是问题

---

① *A Voice and Nothing More*, p. 36.

的关键所在。

而在晚近的国产独立游戏之中，《纸人》系列正是将此种幽灵般的回声描摹得入木三分，或不妨说摄人心魄。这绝不只是因为这部游戏的题材和氛围。这本来就是一个鬼故事，当然。但当我们沉浸其中，尤其是戴上耳机，在那些幽深曲折的回廊中胆战心惊地穿行，屏住呼吸躲避一个个凶神恶煞的冤魂，颤颤巍巍地打开一扇扇吱呀作响的木门之时，难道不会有那样一种更为深入灵魂的"内在体验"：这不活脱脱地就是我们今天的实实在在的媒介化聆听空间？那些漂浮在幽暗空间之中，从各个角落各个维度向我们涌来甚至"侵入"的那些"无基础""无实体"的人声，在游戏中当然是源自那些早已死去的怨灵，但又何尝不是我们自己所发出的变冷、死去的回声？固然，这样鬼魅阴森的回声氛围在国内外的恐怖类游戏之中都是基本设定，《纸人》在这方面也未见得有多少突出之处，但就以恐怖氛围来烘托、"反衬"日常生活深处的那种冰冷的绝望而言，这部游戏却大有过人之处。

首先，游戏的故事背景就颇有深意。你可以把它简单表面地理解成"莫名其妙撞见鬼"的低俗小说的情节，但它其实更是男主角自我探寻、自我折磨、自我救赎的心灵历程。他所撞见的鬼，绝不只是从偶然间打开的冥界之门中跳出来的一个个不安分的鬼怪，而更是萦绕在他的内在灵魂最深处的心魔。别忘了，男主本就是一个心碎的、被生活推向绝望和死亡边缘的人，他内心对女儿的近乎扭曲的眷恋，似乎是让他活下去的唯一残存的动力。游戏开场的那个车祸场景，正是他和女儿的生离死别。而那个自始至终贯穿游戏的（或许是）老爷那令人脊背发凉的声音，其实正是他听到的自己内心深处的那个绝望的声音："你去死吧！""你会死在这里！"这并不单纯是一个古老冤魂的诅咒，而更是男主最深切的"内心独白"。游戏开始处，在古宅中寻找女儿似乎是一个希望的起始，但在最后，被大 Boss 老爷亲手推下楼梯，则似乎又再一次跌入绝望的深渊。这个生与死之间的跌宕起伏的纠结，恰恰正是整部游戏的基调。

看起来，"听"起来，游戏中的人声似乎呈现出两极分化的明显面貌。一面，是男主的内心独白，那些喘息、呻吟、低吼，也无比切近着玩家的内心体验，无时无刻不在勾勒出、凝聚起一种极度压抑紧张的内心氛围。但反过来说，那些游荡在四周幽暗空间中的冤魂之声虽然听起来阴森可怖，但却明显只是游荡在"外部"，而始终无法真正侵入内在的领域。游戏中至少有两个场景描摹出这个自足而锁闭的"内在堡垒"。一是被昏黄烛光温暖照亮的佛堂，躲进其中就可以瞬间"屏蔽"所有纠缠不休的鬼魂。二是在被追杀之际需要快速躲进的柜子，这个内在空间显然要比佛堂更为逼仄，但却在内与外之间形成了极具戏剧性的对峙。你和恶鬼就隔着薄薄的一层木门，里面是你自己的呼吸声，外面则是或沉重（护院王勇）或细微（丫鬟丁香）的脚步声。正是在这个极致的场景之中，你会突然发现，所谓的内心堡垒，其实是如此脆弱不安、空洞苍白。它远非安全的领地，而更是时刻在揭穿自我在场的幻象：那个看似自足自控的内在生命其实早已"命若游丝"，它的那个内部空间，早已被各种外来的、差异性的他者之声侵入。甚至不妨说，所谓的主体的内在生命，从根本上说无非就是那些早已死去的幽灵之声在内部所形成的鬼魅般的回声效应而已。"我听到我自己在听"，但在这两个"我"之间所延续的并非生命之流，也并非观念性的意义，而只是无数密布的死去的幽灵之声。死亡的重复构成了生命的独白，这又是何等荒诞？或许《纸人》只是一部游戏，但你如果只把它当成是一部游戏的话，那你或许会错失真实生活的荒诞和恐怖的真相。

（4）尾声："内"与"外"的回声，游戏的声音政治学（Politics of Voices[1]）

在《艾希》之中，来自他者的旁白可以作为自我认同的中介；在《光明记忆》之中，源自内心的独白却反倒是堕入无尽的空洞；而在《纸人》之中，在经由他者所形成的内在生命的回声之中，幽灵和死亡的气息就日益明显。伴随着阐释的深入，似乎人声在新巴洛克宇宙之中也愈发呈现出凄凉的色彩和悲观的前景。

但其实又何必如此悲观？难道不能转换思索的方向，转而在游戏之人声中探寻重建主体性的内在契机和真正希望？这注定是一个艰难的任务。不妨首先回归本章第二节最后所提及的线索。聆听与观看的最根本区别，正在于它在听的同时还打开了一个"我听自己的听"这个内在的自我触发的维度，这尤其展现为苦与乐交织的迷狂形态，其中又尤其通过苦痛及其共情打开了通往主体性

---

[1]　Adriana Cavarero 在 *For More Than One Voice*（Stanford: Stanford University Press, 2005）中的说法。

及主体间性的可能途径。

　　然而，由是观之，电子游戏中的聆听场景似乎恰恰相反。如《纸人》这样的极致之作带给我们一个鲜明的印象：这个幽暗迷离的空间之中确实充斥着各色回声的迷狂，但在其中似乎既没有真实的自我触发，也没有深切的苦痛体验，有的只是赤裸裸的空洞，还有在其中交织、渗透、共鸣的回声之浓雾。若再度回应本章开始时的那个问题，似乎答案仍然是否定的：不，游戏绝不可能带来感动和触动，游戏不相信眼泪，游戏只相信它自己——玩下去！别的都不重要！

　　然而，游戏在变，体验也在变。我们并不知道明天的游戏一定是什么样子，或许也不想知道。但如《疑案追声》这样的独立游戏的出现，确实让我们感受到一丝别样的可能。在《一个声音，别无其他》中，Dolar 对他者之回声现象给出了一个颇为不同的观察，"人声就是……它自身的他者，它自己的回声，它的介入所产生的共鸣。如果说人声就意味着自反性（reflexivity），因为它是作为自他者而返归的共鸣，那么这也是一种无自我的自反性"①。由此至少逆转了前面给出的三个

_____

① *A Voice and Nothing More*, p. 49.

悲观论调：首先，内心独白确实源自他者之回声，但此种他异性的作用或许并非仅仅是侵入、操控乃至捕获，并非仅造成时间点的间断和死亡这个内在空洞的位置；其实，回声的作用还可以是建构性的、生成性的，它正是自我和主体得以诞生、实现和展开的有力动机。实际上，本章之前的论述之所以每每陷入侵入、间断、死亡这些充满否定性的悲观词语，或许是因为我们总还是或明或暗地预设了内与外之间的泾渭分明的界限——自我总可以躲进光亮的佛堂之中驱除黑暗，主体总可以钻进柜子抵挡幽灵之声的追杀。但如果内和外之间本来就没有明确的、先在的边界，或者说，这条边界本来就是弥漫于内与外、个体与个体之间回声共鸣的效果和产物，那又何谈"侵入""感染""捕获"呢？当我们有意无意地使用这些说法的时候，是否脑海中挥之不去的仍然是"内在性"这个本真性的迷执呢？即便这个内在性早已不以同一为本质，而是撕开了差异性的裂痕，但它似乎仍然总是心心念念地想要挣脱各种"外部""他者""异质"的因素和力量的感染和操控，想要竭力回缩到一个"内部"，无论这个内部是叫生命，还是死亡。正是因此，在这里我们或许可以沿着Dolar 的思路追问一句：回声就是自反性，这没错，但此种自反性为何一定要以自我为前提、中心和归宿？为何就不能有一种"无自我"的回声？

若果真如此，那么也就可以顺理成章地颠覆之前的两个基本结论，因为主体如果只是弥漫于内与外、自我和他者之间错杂交织的回声共鸣所产生的"一种"效果，那么用"空洞"来形容就显得不太恰当了。这个更应唤作 Echo 而非 Narcissus 的自我其实根本不是空洞，也并不欠缺什么，正相反，它时时刻刻都激荡于众多或清晰或幽微的回声海洋之中，充实、充盈才是它的真正形态。换言之，即便我们真的有办法隔离出一个相对封闭的内在领域，仅以内心独白此种极端的形式来进行自反式对话，那也仍然无法遏制此种生成性的充盈，因为不断地生成－回声（becoming-echo），这个恰恰就是声音的本性，无论这个声音是发自何处，是源自自我还是他者。回归声音的生成本性，这或许才是真正的所谓"还原聆听"。

带着这些基本的考量，我们愈发领悟到《疑案追声》那种独特的魅力和启示。首先，它看似预设了一个玩家的"上帝"视角，你可以随心所欲地"监听"任何人的声音，但这个印象恰恰是错的，因为你恰恰不可能如上帝那般将所有人的声音都同时清晰地并置陈列在自己面前，进行比较遴选。你只能是穿梭于不同的房间之中，游荡于不同的个体之间，在一个近似迷宫的声音空间之中去探索、去迷失、去体悟。慢慢地，你开始觉得其实你也只是他们之中的"一员"，而绝不是一个高高在上的凌驾的视角。在反复拉动时间轴，"用时间来换取空间"之时，你越来越接近每一个人的声音、每一个人的内心深处，几乎是感同身受地体验着那一个个生命的悲和喜、苦与乐。安东尼·吉登斯曾受戈夫曼的启示将个体在公共空间中的行为区分为"前台－后台"、"封闭－暴露"这两个面向[①]，用在这里真的是非常恰切。简单说，在日常生活中，我们每个人都是以一种半遮半掩的面貌朝向他人，这或是出于礼貌，或是出于规则、禁忌等等原因。因此才会出现各种窥探"后台"隐私的监控侦察手段。《疑案追声》的"用声音破案"这个基本设定似乎一开始也给人这个鲜明的印象。但随着游戏的不断深入，随着你反复听着那些性别、个性、口音、声调等等方面都千差万别的人声之时，"侦探"和

[①]　安东尼·吉登斯:《社会的构成》，李康、李猛译，三联书店1998年版，第 213 页。

"破案"这个基本的想法好像也就越来越淡化，你开始更关心每一个人的独特个性，你开始更想走进每一个人的内心世界。这正是声音此种人际沟通的基本媒介的魅力所在，因为它足以营造一种无可比拟、无法替代的"亲密和感动"（intimacy and affection）①。在这里，"我听自己说话"和"我听别人说话"，那几乎是合二为一的过程，自我和他者真正以声音为纽带形成了亲密的共振，而内与外的边界、本真和感染的纠结似乎早已变得全然不重要了。当然，游戏之所以能获得如此令人"感动"的效果，也肯定是与那些配音演员的精湛表演分不开的。

由此不妨将此作与之前的三部游戏进行一个简要的对比。在《艾希》之中，始终有一个近乎超然的、单一的主导人声来引导着游戏的推进和叙事的线索，但在《疑案追声》之中，根本没有这样一条人声的主线，每个声音都是主线，都在吸引着你专注聆听，都在引导着你向着案件的扑朔迷离的深处前进。同样，如《光明记忆》那般疏离而空洞的人声也绝不会出现在你的探案历程

---

① Dominic Pettman, *Sonic Intimacy*, Stanford: Stanford University Press, 2017, p. 17.

之中，因为没有哪个人的声音是游离的，而是每个真实的声音都不断在编织着案件－事件的复杂织体。每个声音都是真实的，每个声音都是关键的，每个声音都是不可或缺的。因为，这就是一个用声音来编织、来构制的游戏。

既然如此，我们或许最终得以逆转《纸人》中那种阴森而又绝望的氛围。回声不是幽灵，而是有血有肉的生成。回声不是死亡的间断，而是自我和他者的共鸣。在回声之中，才有主体性建构的切实契机，也才有以共情为纽带的主体间性的维系。

但在本章的最后，让我们不妨模仿本格推理那般再进行一次出乎意料的逆转。在《疑案追声》之中，即便生成－回声的聆听体验营造出如此真切的感动，但可别忘了，这些都是通过倒转时间的方式才得以实现的。或者说，案件已经发生，灾难已经造成，死亡已经降临，而我们只是从这个悲剧性的"结尾"之处，一次次逆转时间重访每个人的声音世界。虽然我们可以将罪犯绳之以法，还世界以公正，但用句老话来说，"人已经死了，再怎么样也救不回来了！"我们是否只是在死亡这个终极宿命的阴影之下，自无底的毁灭深渊之边缘一次次看似"有功"但却"徒劳"地回返、重探生之意义、人之本性？回声之中，真的摆脱了死亡这个挥之不去的幽灵了吗？

浮生若梦，玄音如影

—— 忆叙那一场电音与昆曲的风花雪月

> 一夫登场，四座屏息，音若细发，响彻
> 云际，每度一字，几尽一刻。
>
> —— 袁宏道《虎丘记》

入秋的景德镇，傍晚已颇有几分凉意。我和三五好友早已落座，身边则是熙熙攘攘的人群，大家都怀着几许兴奋期待着《浮梁一梦·玄音与牡丹亭》这场别具一格的氛围音乐表演的开幕。之前与玄音的几位老友已相言甚欢，然而当建夫安静地走过池塘前面，隐身于笔记本电脑与悬垂于水面上的白色幕布之后，整个空间的氛围都开始变得不同。当第一声玄音响起，当第一缕影像的涟漪伴着水波漾起，周遭一切都慢慢地缓缓地点染上或浓或淡的电音之神采。随后登场的睦琏将这层氛围与意境又带向更深沉的幽微之处，与此相呼应，丁昕所营造的影像之境也更显得空灵迷幻。《牡丹亭》中那份生死纠葛的情念，在这样一个清寒的夜里，正化作袅袅不绝的声音之魅影，烟雨空蒙的影像之梦境。历经多年苦心孤诣的冥思与试炼，玄音这几位音乐家对氛围的拿捏与掌控确实又达致了一个令人惊叹的高度。或许是为了将早已令人沉醉得难以自拔的氛围再度推向一个不可思议的强度峰值，最后登场的陆正一改前两场唯美深邃的情调，展现出氛围音乐所独有的抽象实验的犀利手法。顿挫不安的节奏，随机聚散的粒子，骤然而至的断裂，湍急混沌的漩涡——这一切都让观众逐渐释去了对那场古老爱情的追思之"情"，而反倒是飞蛾扑火般地深陷于声与像的纯美之"境"。

　　如此缠绵悱恻的氛围梦境，真是令人久久无法醒来。然而，曲终人散之际，却发现四外早已是一片冷寂。人潮早已退去，唯有零零散散的游客还在广场的边缘徘徊。这让我心头涌起一丝莫名的惆怅。说实话，好久没有如此沉浸于一场声音的表演，也好久没有被昆曲如此深沉地触动了。回想起来，虽然自小就和长辈一起出入昆剧团的台前幕后，甚至还亦步亦趋地进行过一些稚拙的摹仿，但长大之后却几乎与昆曲绝缘。每每听到别人谈起昆曲，也会有意无意地流露出几分轻蔑之情。"流丽悠远"？空谷幽兰？在我听来，那无非是一首首特效的催眠曲而已。昆曲，或许早已是明日黄花。复兴昆曲，除了意识形态的需要或冬烘先生的执念之外，还能是什么？

然而，玄音的这场表演却彻底颠覆了我多年积淀下来的这些顽固的陈见，几乎让我有生以来"第一次"从灵魂深处感受到了昆曲唱腔之美。这种感受是如此的独特，以至于仿佛又唤醒了童年的迷梦，再度深爱上了自己或许本该深爱的古老而美好的艺境。这也让我重新思索睦琏为这场演出构思的题目"浮梁一梦"。固然，这显然是呼应着"临川四梦"的出处，"游园惊梦"的典故，声－像（audio-vision）交织的手法，但这又何尝不是一场为昆曲的悠远之灵所施行的"还魂"之仪？还魂，并非是对早已死去之物的空洞而苍白的祭祀膜拜，而其实更是要以创造性的方式再度"唤醒"那蕴藏于源头之处的蓬勃脉动与未知生机。"大雅沦亡，正声寥寂"，这是先人对昆曲衰亡的哀叹。但究其缘由，论者大多执着于一点：昆曲固然有着无可置疑的阳春白雪的"大雅"之格调，但也正是这种毫不掩饰的士大夫阶层的做作品味让它越来越脱离百姓的日常生活与

当下的现实境况，这也就注定了它要在随后的
"花"-"雅"之争中一败涂地。或许正是基于此
种考虑，自清代到新中国成立以来的种种复兴昆
曲的努力皆执迷于通俗化、大众化、现实化这些
方面，而其实忽略了另外一种似乎更为迫切的需
要和可能：除了从当下的时代出发改造昆曲、使
它更为"适配"于现实的需要与品位之外，我们
难道不应该再度回归源始，激活昆曲的古老艺境
与意境，以一种"还魂"的方式来点染、渗透乃
至转化当下那无比沉闷乏味的艺术界和文化界的
所谓"现实"？"大雅"，绝非是文化的包装、宣
传的口号，而更是昆曲之灵，是中国古典美学之
魂。复兴昆曲，正是召唤这大雅之灵魂。记得离
经叛道的阿尔托（Artaud）在创制其实验剧场之
际，也曾大声疾呼要唤醒"生之魔法"（magie de
vivre）（《塞拉凡剧团》①），进而"主张将戏剧带回
其最初的魔法性（magique）的观念"（《与杰作决
裂》②），也正是要重新激活文化本身之灵："文化

---

① 安托南·阿尔托，《残酷戏剧》，桂裕芳译，商务印书馆 2015
年版，第 163 页。同时参考法文版 Antonin Artaud, *Le théâtre et
son double*, Paris: Gallimard, 1964. 有修正。下文仅标注中译本页
码。斜体字为原文所有。

② 《残酷戏剧》，第 82 页。

要起作用，要变成我们身上的一个新器官、新生机（souffle second）。"（《剧场与文化》①）而古老的昆曲与氛围音乐这个极具实验意味的乐派的联姻，似乎正是唤醒此种"新生机"的有益而积极的尝试。那就让我们从"灵"（fantômes）与"境"（ambience）这两个要点对贯穿二者的内在关联稍加阐发。

1. "还魂"：声之"灵"

《浮梁一梦》这场演出本是围绕《牡丹亭》这首千古绝唱而展开，声音部分则是撷取了昆曲表演艺术大师孔爱萍在台湾所录制的《游园惊梦》中的九个唱段。但若我们不拘泥于这场演出本身，则可以进一步洞察到"还魂"这个经典主题在氛围电子与昆曲表演之间的内在相通。而且此种相通尤其体现于这两种艺术类型的源头和发端之处，颇耐人寻味。

谈及昆曲的起源，自然可以追溯到种种地方声腔，以及丰富而衍变的舞台建制，但它真正的艺术精神注定要体现于、凝聚于如"临川四梦"

①《残酷戏剧》，第 4 页。

这样的戏剧文本之中。关于其中的"梦"与"灵"的含义，又可以有多种不同的理解。比如，向来会把杜丽娘还魂的传奇理解为一场以人性之"情"来抵抗封建之"理"的可歌可泣的斗争。《寻梦》中的著名唱词"花花草草由人恋，生生死死随人愿，便凄凄楚楚无人怨"当是明证。不过，若仅仅将这里的"情"理解为男女之爱情，甚或人世之常情，则又稍显狭隘了。别忘了，这场惊天地泣鬼神的情戏本就是以跨越生死之界的"还魂"作为基本背景的。不过，说是"背景"，可能恰恰错失了关键所在。因为那就会让人以为还魂这样的情节其实并非本质，它充其量只是种种当时盛行的民间信仰在昆曲中有意无意的体现而已。确实，像神佛鬼怪，乃至种种祭祀仪式，在昆曲表演之中倒是屡见不鲜的。

但还魂真的只是用来衬托男女之情的无伤大雅的背景？还是说应该反过来，其实种种人间之情反倒是应该从更为根本的跨越生死之情的角度来理解？还是仔细品味一下汤显祖自己的陈说。一方面，"情"对于他的戏剧创作来说绝对是起点也是归宿："人生而有情。思欢怒愁，感乎幽微。流于啸歌，形诸动摇。或一往而尽，或积日而不能自休。"（《宜黄县戏神清源师庙记》）但这后面本还有一句，"盖自凤凰鸟兽以至巴渝夷鬼，无不能舞能歌，以灵机自相转活，而况吾人。"这句凝练总括至少包含着三层意思。一是说"情"绝非人所独有，而是贯穿人与兽、人与物，乃至阴阳生死两界的普遍运动。二是情必须诉诸表达，而且此种表达的形式是多样的（或歌或舞），强度亦有着多样的级度（或"幽微"或"怒愁"）。三是情之表达本质上来说是一个时间性的绵延运动，它可以在一个极短的时间（乃至瞬间）达至顶峰，但也可以绵绵不绝形成连续之流。

《牡丹亭》中所极致抒写之情也理应在这个基本的意义上来理解。一句话，这里的情绝非单纯的男女之间的私欲和情念，而本就是贯穿生死的时间性过程的集中体现。还是汤显祖自己说得透彻："生者可以死，死可以生。生而不可与死，死而不可复生者，皆非情之至也。梦中之情，何必非真？天下岂少梦中之人耶！"（《牡丹亭·题词》）看似这里是对"梦中人"般的理想浪漫的爱情的歌颂，但核心之处恰恰在于"至"与"真"这两个字。"至"强调的是情的跨越生死界限的那种极致强度；"真"则强调的是唯有此种时间性的向度方是情之"本真"。所以托梦也好，还魂也好，其实都是此种本真之情的种种戏剧性表达与营造而已。杜丽娘与柳梦梅的爱情故事之所以凄美到令人泪下，感伤到使人扼腕叹息，恰恰正是因为这背后的情之"至"的强度。换言之，我们几乎想说，杜丽娘注定要以幽魂的形式出现，因为真正的情之所动所感必然要求催生出种种跨越、游弋、穿梭于生死边界的"幽灵"（phantasm）、"鬼魅"（ghost）与"复象"（double）。这又极为自然地让我们念及阿尔托关于"残酷戏剧"的那些震古烁今的名句："它是以幽灵（fantômes）出场开始，……开展戏剧情节的男女角色是先以自己的幽灵（état spectral）面目出现，也就是，从幻觉角度呈现，而这正是所有戏剧人物的特质。"（《论巴厘岛戏剧》[1]）但这里所说的人物之幽灵形态，并非仅仅是幻觉形态的呈现，而反倒是经由剧场这个独特的媒介展现出人之生命与存在的"本相"："必须把人当成一个复象，……他是一个造型的（plastique）、永不完成的幽灵（Spectre）。"（《感情田径运动》[2]）若如此看来，如何在剧场之中真正激活幽灵，营造魅影，反倒是成为真正的戏剧所理应探求的极致效应："真正的剧场，因为它在

---

[1]　《残酷戏剧》，第 53 页。

[2]　《残酷戏剧》，第 143 页。

动，因为它使用活的工具，在生命不断跟跄之处，激发影子。"这些颇为现代而前卫的论述，反而令我们更为清晰地洞察到昆曲这一古老戏剧艺术的真谛："还魂"之所以必然成为昆曲之灵的极致表现，恰恰正是因为它本身就是激发幽灵与魅像的情之运动。无独有偶的是，当阿尔托从哲学的角度来对戏剧中的魅像进行诠释之时，他也借用了"气"（souffle）这个词，它本来就是源自古希腊的 pneuma 这个概念，兼有呼吸、风、精神等多样的含义，又与汤显祖的那种散布、贯穿于生命及万物中的"情"体现出极为密切的关联。

　　由此也就可以理解，为何"还魂"这一看似迷信气息浓厚的主题会一次次成为日后昆曲代表作最重要的主题。从沈璟的《坠钗记》，到吴炳的"粲花别墅五种"（"有情则伊人万里，可凭梦寐以符招"），甚至一直到《十五贯》这样的现代曲目，对激发魅像之情的营造都屡屡成为剧作家和表演家所孜孜以求的极致境界。而反观氛围音乐（ambient music）的发端之初，我们同样惊异地发现，其实跨越生死的还魂运动也是一个极为根本的动机。在《氛围性媒介：日本的自我氛围》（*Ambient Media: Japanese Atmospheres of Self*）一书中，保罗·罗盖特（Paul Roquet）基于 *Studio*

Voice 杂志 2008 年的 "Ambient & Chill Out" 专号，大致梳理了氛围音乐自布莱恩·艾诺（Brian Eno）的 *Music for Airport* 以来的三个阶段的发展。从前卫艺术（1978—87）到夜店文化（1988—97）再到家庭中的聆听氛围（1998—2008）[1]，这其中体现出的并非仅仅是聆听场所与艺术风格的变革，而其实更是氛围音乐这一极为独特的电音形态在自我与世界、人与环境之间不断渗透、编织、转化的中介性联结。这尤其体现于氛围音乐自进入日本电子乐坛之后所发生的种种实质性的变化。Roquet 重点围绕细野晴臣（Hosono Haruomi）、井上特素（Tetsu Inoue）与畠山地平（Hatakeyama Chihei）这三位代表性的日本氛围电子音乐家展开论述，但我们在这里可暂且忽略细节，而关注在他们身上所体现出来的三个阶段的转变。一开始，氛围音乐的功用即使说不是"避世"乃至"厌世"，至少也是超越现世的。这也是为何早期的氛围经典大多充满着（现实或想象的）异域情调与太空主题，就正如与 ambient 这个词近义乃至同义的 atmosphere，虽然也明显指涉着与我们的生存

---

① Paul Roquet, *Ambient Media: Japanese Atmospheres of Self*, Minneapolis and London: University of Minnesota Press, 2016, p. 56.

息息相关的"大气"和"气候"（climate），但根本上却总是衬托出辽远的天宇、寥廓的宇宙。但随着氛围音乐进一步介入到日常生活的聆听体验，尤其是随着耳机和随身听的普及，氛围音乐的特性也发生了明显的变化。之前弥漫在音乐厅和舞厅之中的那种遥远空阔的音乐苍穹逐渐降临、渗透于人的肉体之中，进而那种集体避世的聆听体验也变得更为个体化、私密化。如今，当你默坐在地铁的一角，耳机里传来皮特·纳姆卢克（Pete Namlook）或维德纳·奥布马哈（Vidna Obmana）的冰冷苍凉的太空氛围之时，反而会在心底油然而生一种温暖的慰藉。那就像是被一层声音的气体包裹着、环绕着，暂时隔开了充满着噪音、纷扰乃至焦虑的外部公共空间。也因此，Roquet 借用了英国社会学家吉登斯（Anthony Giddens）的一个著名术语，把氛围音乐在人们日常生活中所起到的新的中介作用称作"本体性安全感"（ontological security）[1]。然而，可以想见，这样一种安全感从根本上说仍然是虚幻的、苍白的。它即便脱离了早期氛围音乐的虚无避世的气息，更

---

[1] 关于这个概念，尤其可参见吉登斯的《现代性与自我认同》第二章"本体的安全和存在性焦虑"。

为紧密地与人的肉身在世贴合在一起，但当它试图为自我提供一个与世界之间安全隔离的间距之时，同时也就暴露出两个致命的缺陷。一方面，身体其实并非仅仅是自我与世界、内在和外在的"界限"，它同时也是沟通这两个存在领域的"纽带"。一句话，身体既是包裹内在自我的边界，但同时又是向世界敞开自我的"界面"（surface）。因而当氛围音乐过于倾向于本体性安全之际，它也正在以一种徒劳的方式试图割断自我在世界之中的那个生存之根基（being-in-the-World）。另一方面，氛围音乐的此种庇护注定是脆弱的，暂时的，当外部世界的嘈杂不断增强甚至呈现压倒性的吞噬之势时，你会觉得这层安全保护罩是如此的不堪一击；当你终于要摘下耳机、步入真实空间之时，你会发现自己反而愈发无力去应对扑面而来的种种纷扰和焦虑。

由此才会有氛围音乐的第三个阶段的发展。它不再执着于营造虚幻的空间，也不再执迷于搭建安全的堡垒，而是试图再度回归"ambience/atmosphere"的源始含义，将自我与肉身再度带回世界，汇入生命之流。氛围，不再仅仅是艺术家苦心孤诣的想象，相反，它或许就是人生与世界的真实展布的空间样态。就像是包裹身躯的空气，虽然无形无迹，但却时时刻刻都维系着我们的生命；就像是人与人之间的情感氛围（mood），虽然往往无法言喻，但却亦时时处处令我们彼此间相濡以沫。真正的氛围音乐，因而就是再度让我们汇入到世界本身的真正律动与节奏。这种节奏或许充满着不安与焦虑的激荡，但那就是生存的真相，生命的根基。如果真的还有一种"安全感"，那正是随世界之氛围而动而变的连贯律动。氛围音乐的这三个阶段的发展也鲜明体现于玄音艺术家们的创作之中。在厂牌出版的第一张合集《玄音1》中，大量民族及异域元素的运用营造出一种令人无比迷醉的镜花水月的虚幻意境。但到了"到灯塔去"这场标志性的演出，大家的创作思路开始发生了明显的变化。看似这个主题明确援引了弗吉尼亚·伍尔芙的那本代表性意识流小说，但我们不应忘记的是，至少就伍尔夫本人的创作来说，意识流从来都并非仅仅是"内心之流"，而始终是内在意识与外部世界之间的"汇流"。这也是为何，在她的文本之中，文字的流动总是在模糊甚至抹除内在与外在的明确边界。就正如《达洛维夫人》的开篇所精彩绝伦地描绘的场景，空气、声音、行人都弥漫、渗透、汇聚在一起，就像在世界之中此起彼伏的一阵阵涟漪与

波澜。"她像把刀子穿透一切事物；同时又是个局
外的旁观者。"[①] 这真是一语道破"氛围"的真谛。
在"到灯塔去"这场演出的宣传文案中，也有着
极为近似的表达 ——"如何举自身微弱之光照亮
忽明忽暗的世界，又如何面向光明的指引继而义
无反顾的跋涉"，或者说，如何以氛围音乐为媒介
重新探寻自我和世界的关联，这如今成了艺术家
们新的探索与创作方向。而这个方向显然在《浮
梁一梦》这场演出中得到了更为有力的推进，更
为曼妙的展现。昆曲的深邃而美丽的幽魅之灵也
似乎终于成为营造生命与空间彼此汇流之氛围的
真正契机。

实际上，虽然自 *Ambient 1: Music for Airp-
orts*（1978）以来，氛围音乐已经走过了将近 40
年的时间，其风格与技法亦发生了极为多样而复
杂的变化，但当我们回归 Brian Eno 的原初理念
之时，会发现幽魅之灵的戏剧性呈现早已是一个
萌生灵感的动机，并且始终在日后氛围音乐的发
展历程之中若隐若现。因而，"玄音"与《牡丹
亭》的邂逅，或许并非机缘巧合，而恰恰是源自

---

① 　弗吉尼亚·伍尔芙，《达洛维夫人 到灯塔去 雅各布之屋》，王
家湘译，译林出版社 2001 年版，第 8 页。

彼此的吸引。看似电子与戏曲是相隔光年的两种艺术类型，而将二者生搬硬套地拉扯在一起的失败努力也屡见不鲜，但《浮梁一梦》的真正成功之处，恰恰在于它并未止于形式上的生硬嫁接，而是深入"灵"与"魂"的深度，在本原之处实现了古老与当代的相通。更恰切说，幽魅之灵恰恰是令二者水乳交融的弥漫性氛围。不过，昆曲之灵我们已有所触及，那么氛围音乐之灵又该如何领会？

在 *Music for Airports* 的简短文案之中，Brian Eno 曾将氛围音乐描绘为"提供一个安静的思索空间"（provides calm, a space to think）[1]。初看起来，这其中避世的气息是极为明显的。因此 Eno 才会将其音乐描绘为一处"想象的风景"，而此种风景最重要的特征恰恰是"荒无人迹"（the removal of personality from the picture）[2]，由此营造出一个广漠无垠的"失焦"（不再有人作为焦点）而"失重"（不再有明确的维度和方位）的沉浸式空间。然而，若仔细品味 Eno 自己的一些访谈和文字，会体会到另一重截然不同的深意。尤其是当他谈

---

[1]　转引自 *Ambient Media: Japanese Atmospheres of Self*, 'Introduction', p. 4。

[2]　转引自 *Ambient Media: Japanese Atmospheres of Self*, p. 54。

及 *Music for Airports* 的创作初衷时，曾动情地表白，这阙乐曲"所关涉的是你之所在与你之所为（where you are and what you're there for）——飞翔，漂浮，并且隐秘地嬉戏死亡。我想，'我要创作一种音乐，令你坦然赴死（prepares you for death）'"。[1] 这就正如海德格尔在《存在与时间》之中所谓的"向死而生"的境界，虽然死亡看似抹去了世界的实在形迹与因缘网络，将你抛入混沌无底的无边暗夜，但它同时也敞开了那个最为广大的可能性的界域，由此方能令你以一种极端而彻底的方式直面当下，筹划生存。Eno 在这里所说的也是极为近似的意境。氛围音乐看似是意在令你隔开与咄咄逼人的死亡之间的距离，但实际上，它却更是意在将你投入这个广袤无垠的充满"不定"（uncertainty）的世界空间，并以一种极致的艺术手法将你带入一种"坦荡乎乐"的澄澈与宁静。这也是为何，在 Eno 的原初文本之中，死亡的极端焦虑与音乐的终极宁静可以如此完美地融汇在一起，而这，正是"嬉戏死亡"的真正含义。这，也是氛围音乐自本原之处就生动鲜活地展现出的跨越生死、游弋边界的"情"之

---

[1] 转引自 *Ambient Media: Japanese Atmospheres of Self*, p. 55。

"动"。在如今这样一个彻底去魅的时代，再去简单地重复古老的还魂仪式或许早已无济于事，所谓的鬼魅和幽灵似乎也只能是各色烂俗恐怖片中的苍白空洞的影像。然而，在这样一个以悬浮、游牧、移动为特征的空间时代（aerial age，Peter Adey 语；或用 Roquet 的精确界定，"一个更为去根基的时代"[a less grounded time][①]），当古老的昆曲之魅灵汇入、展布于氛围音乐的"不定"空间之时，它就被戏剧性地激活，转而为我们直面当下、介入世界提供了一种至为美妙但又深切的"情调"（Stimmung）。

我们并非是在古老的梦境之中沉沉睡去，而恰恰是要在游弋魅影的唤醒之中重生于当下。

由是观之，玄音之"玄"也绝非单纯是离群弃世般的"超越"，而更是洞彻生死的"超然"。

2."氛围"：声之"境"

让我们再度回到声音、影像与空间所交织而成的剧场。

昆曲之"灵"本在于营造、激活魅影之

---

① *Ambient Media: Japanese Atmospheres of Self*, p. 55.

"情"，这一点已然清晰。而在此种匠心独运的营造过程之中，"声音"自是相当关键的环节。只不过，这里所说的"声"绝非仅局限于昆曲复杂的发声或唱腔，而实际上是以声为主线和脉络将动作、表演、布景、空间等等各个环节贯穿、编织在一起，形构成一个无比辉映璀璨的晶体。著名昆曲表演艺术家俞振飞曾概括道，"昆剧的特点主要是歌、舞、剧、技紧密地结合在一起"，这固然不错，但他同时也进一步强调，"手、眼、身、步，也都得随着唱腔的节奏，一举一动都要与一字一腔配合得非常紧密"[①]。这也充分揭示出声音在昆剧表演这个复杂织体之中所起到的穿针引线之关键效用。如果说在发展的初期，文学性和叙事性显然是昆曲获得大众影响的重要因素，但随着它越来越趋向于其艺术性的极致，"声音性"则显然成为其最为终极的审美追求。比如，在明人魏良辅所提出的昆曲演唱的所谓"三绝"（"字清""腔纯""板正"[《南词引正》]）之中，对声音性的体会、掌控、发挥显然是核心和主旨。

而谈到昆曲的发声技巧，大致有两个要点。

---

① 《俞振飞艺术论集》，王家熙、许寅等整理，上海文艺出版1985年版，第261页。

一是复杂，比如"正五音，清四呼，明四声，辨阴阳"；二是绚丽而诡谲，"如醉、如寱、如倦、如倚、如眩瞀，声细而谲，如天空之晴丝，缠绵惨暗，一字做数十折，愈孤引不自已"（[清]龚自珍，《书金伶》）。然而，在其中，最令人震撼的无疑正是"一字之长，延至数息"的绵绵不绝的声音运动。它尤其将昆曲那种以声表情、融情于声的声－情聚合体的形态展现得淋漓尽致。前文已提及，情作为一种贯穿生死边界的运动，其尤为突出的特征正是时间性的强度，它既可体现于瞬间的峰值，亦可展现于绵延的过程。但显然后者是更为根本的，因为瞬间的强度亦非离散的点，而必定是连续贯穿的运动过程之中涌现而起的时间的波峰。由此看来，昆曲之中的"一字"之发声，恰似石涛《画语录》开篇所阐释的"一画"之笔力，皆有着石破天惊、萌生时空的伟力。在这个意义上，虽抑扬顿挫、百转千回但却始终绵延不绝的"一字"之声，似乎完全可以作为昆曲之灵之情的极致的艺术境界。正所谓"徐必有节，神气一贯"是也。

《长生殿》第十六出《舞盘》中说得美好："一声一字，都将舞态含藏。其间有慢声，有缠声，有衮声，应清圆，骊珠一串；有入破，有摊破，有出破，合袅娜虀觚千状；还有花犯，有道和，有傍拍，有间拍，有催拍，有偷拍，多音响；皆与慢舞相生，缓歌交畅。"昆剧的表演，正是一个完美的"声音的剧场"（theatre of sound），正是声之"情动"（affect）将所有身体和空间的要素都带入一个幽深醇美的梦境之中。

也正是在声音性这个关键要点之处，昆曲与氛围音乐再度展现出密切的因缘。与昆曲中那奇妙到不可言喻的"一字"极为相似的是，氛围音乐的极致也恰恰是那绵绵不绝的"drone"之声。这也是为何"Ambient & Chill Out"专号之中会将 Drone 作为氛围音乐晚近最为重要的发展形态（第三个阶段）。Drone 是一种极为特别的声音现象，它的本义是那嗡嗡作响的低鸣，尤其令人想到蜜蜂或其他昆虫的发声机制（drone 本来也就是"雄蜂"的意思）。但若我们不局限于它的发声的生物学来源与机制，而仅关注其所呈现出来的奇妙的声音现象，则确实可以从中领悟到氛围音乐对绵延之"一声"的极端而极致的探求。初看起来，drone 其实并非"一声"，而实际上是由无数细小的、流动的、变异的"微观"的声音碎片所汇聚而成的"宏观"效应。正如德国哲学家莱布尼兹所谓的"微知觉"（micro-perception），你所听到的"一声"海浪实际上是无数细小的海浪之粒子汇聚、突显而成。[①] 由此，drone 这幻拟的"一声"带给我们两重彼此关联的启示：一方面，任何的"一声"都并非单纯数量上"单一"，而总已经是"多"（multiplicity），甚至是无数、无限的"多"；而另一方面，这些不停流变、彼此冲撞、渗透、转化的微观之"多"却反而能够呈现出更为凝聚而静止的"一"的形态，这就正如，当我们长时间倾听流水的声音之时，那些无限细碎而变动的声响却逐渐产生出极为接近静止的听觉效果。在三张一套的氛围音乐的经典合集《无人机风暴》（*A Storm of Drones*，1995）之中，此种一与多、静与动、整体与碎片之间的戏剧性张力得到了绚烂无比的展示。而为全套作品收尾的正是玛丽安娜·阿马赫（Maryanne Amacher）的那首惊为天人的 *Playing Sound Character*，整曲将近七分钟，从头至尾都只有绵绵不绝的"一声"，看似无比枯燥单调，但随着时间的缓慢延续，我们却分明听出了无限细微的声音碎片，它们在无止境地渗透、转化、聚散、辉映……在其中，我们分明

---

① 关于这个概念的阐释，尤其可参见德勒兹《褶子》的第三部分第七章"褶子中的知觉"。

听出了天地万象，听出了沧海桑田。声音，正幻化为整个宇宙的剧场。以至于当作品结束之后很久，耳畔似乎仍然还是那绵绵不绝的气息，奔腾浩瀚的波浪。

氛围音乐的"一声"之 drone 也正令我们重新回味昆曲之"一字"之发声。这正是以"字"为依托，以声音为媒介，由此不断弥散、拓展出无数的时空向度，营造出曼妙绚烂的剧场。在这个意义上，昆曲表演的剧场性本身就是"氛围性的"（ambience）。"虚实相生"，向来被视作昆剧之剧场布置的本质特征，这固然不错，但关键是这其中"虚"者为何，"虚"与"实"之间又如何相互补充乃至彼此生成？借用张庚先生对中国戏曲的"虚拟性"的精妙阐释，不妨将昆曲的此种特征界说为"把舞台有限的空间和时间，当作不固定的、自由的、流动的空间和时间"，进而蕴生出"一个圆场，十万八千里；几声更鼓，夜尽天明"的独特剧场效应。① 而这里讲的实际上就是时空之有限／无限、有形／无形之关系。但很多人就将此种从有限到无限的拓展、从有形向无形的开敞简单解释成心理的联想或动作的模拟，似

---

① 《中国戏曲、曲艺》，中国大百科全书出版社 2014 年版。

乎又显得太过机械与狭隘：比如用船桨代表船只，用划桨的动作来模拟船只运动的整体过程，等等。实际上，填补"虚"与"实"之间空隙的并非仅仅是主观的联想（无论是心理的联想还是意义的联想），而恰恰是连贯人与物、肉体与空间之间的"氛围"。与绘画中的情形做比拟似乎更容易理解。比如王维曾说"以咫尺之图，写千里之景"，但如何在有限的画卷之中展现无限的时空？或更彻底地追问，如何在二维的表面展现三维的立体与"深度"？这恰恰是一个根本性的难题。中国山水画以"三远"之发明来应对，而其中"平远"的极致之境也并非如很多论者所坚执的那般仅仅是一种心理的投射（如徐复观所说，是精神向着无限自由的追求[①]），而恰恰是眼睛的视线向着空间的深度所进行的无限深入的过程。在这个过程中，一方面，是空间本身深度的绽显，另一方面，这种深度又同时吸引着、导引着目光的运动。而正是在这种从自我向世界、从肉体向空间的运动之中，激发出无比强烈的审美体验与情感

---

① "追求形中之灵，使人类被尘烦所污黷了的心灵，得凭此以得到超脱，得到精神的解放，这是山水画得以成立的根据。"（《徐复观文集（第四卷）：中国艺术精神》，李维武编，湖北人民出版社 2002 年版，第 193 页）

氛围（mood）。借用德国氛围美学大师甘诺特·波梅（Gernot Böhme）的话来说，真正的氛围恰恰是居间之物（in-between）①，它自物本身释放而出，弥漫于空间之中，由此形成了对于人之肉身的包围、渗透、裹挟，进而形成了一种整体性的、含混的，但又极为真实的情感体验。

由此看来，昆曲之剧场性的本质正是在这样意义上的"氛围"。它以"声"和"光"这两个最具氛围性的感性媒介为依托，在个体与空间之间营造出一种真实的、而非仅仅是想象或联想的血脉相连。声之氛围前文已然细致铺陈，同样不可忽视的是光在营造氛围性剧场时的关键作用。如清代小说《品花宝鉴》中所活灵活现记叙的场景：一开始是布景的绚烂之光，"宝气上腾，月光下接，似云非云地结成了一个五彩祥云华盖，其光华色艳，非世间之物可比"。然后，这一阵弥漫散射、璀璨无比的环境之光又汇聚于观者的视线，营造出更为曼妙不可言喻的光影幻象，"这一道光射将过来，把子玉的眼光分作几处，在他遍身旋绕，几至聚不拢来，愈看愈不分明"。正是在这一

---

① Gernot Böhme, *Atmospheric Architectures: The Aesthetics of Felt Spaces*, edited and translated by A.-Chr. Engles-Schwarzpaul, London and New York: Bloomsbury, p.14.

片笼罩舞台、身体、空间的沉浸式的光的氛围之中，正是在可见的"分明"之景愈发模糊、消释之际，那"梦回莺啭"般的一字字、一声声方才自混沌之境中涌现，成为营造剧场的真正的情动之力。如此由光幻所孕育、展现的氛围剧场，在古人对昆剧表演的种种忆叙之中几乎比比皆是。比如张岱在《陶庵梦忆》中对此就多有传神的书写："光焰青黎，色如初曙，撒布成梁，遂蹑月窟，境界神奇，忘其为戏也"，"光焰莹煌，锦绣纷叠，见者错愕"，不一而足。如此光影交织、真幻互渗的臻美之镜，果然令人神往。也难怪明代昆曲理论家潘之恒会将昆曲之"神"界定为"生于千古之下，而游于千古之上，显陈迹于乍现，幻灭影于重光"（《鸾啸小品》"神合"），而此种极致的氛围，显然唯有以光和声为基本的媒介方能够实现。这里我们也能够领悟，丁昕的影像在营造这一个氛围剧场之中所起到的神妙之功。更为重要的是，他对影像的塑造、剪裁与流转也绝非仅仅局限于与声音的"同步"乃至"补充"，更非意在仅仅描摹"分明"之"形"与"像"，而其实更试图将影像本身的氛围扩散开去，铺展为一个原初的场域。这里，我们亦体味到整场"浮梁一梦"中各种声－像交错、营造氛围的复杂多变、妙趣横生的手法：有时，是以声为铺展的场域，影像则浮现为表面的涟漪；有时，则是以影像为模糊扩散的布景，反倒令声音凝聚成清晰的图景；有时，声与像看似脱落为两条独立运作的平行线，但又由此形成了德勒兹在《电影2》中所谓的"脱节和分断系统"[①]；有时，它们又更像是两股互相吸引又彼此排斥的力，在海德格尔所说的"亲密性"之"争执"（《艺术作品的本源》[②]）中汇聚成席卷一切的漩涡……

波梅曾说，"氛围"作为一个美学的概念，改变了传统美学的范式，将焦点从"意义"（meaning）转向了"体验"（experience）。以往的美学更关注对"意义"的"阐释"，对"价值"的"判断"，而艺术作品本身反倒是消释在层层叠叠的文字和概念的迷雾之中。但氛围则不同，作为自作品本身散播、扩散而出的运动，它首先展现为光与声的沉浸式媒介，又由此在作品和观者之间形成了直接的维系媒介和纽带。再度借用波梅的精妙之语，在氛围之中，"也就是说，通

---

① 吉尔·德勒兹，《电影2：时间—影像》，谢强、蔡若明、马月译，湖南美术出版社2004年版，第396页。

② 《海德格尔选集》（上），孙周兴选编，上海三联书店1996年版，第270页。

过其特性——被看成是迷狂——物表达出其在场的领地"[1]。这也是为何，我们会在一场氛围音乐和昆曲的双声协奏之中体会到如此深沉的、跨越时空的感动。当拜金的媒体还在如嗜血鲨鱼一般搜刮昆曲之中的卖点与泪点之际，当陈腐入骨髓的学术界和文化界还在连篇累牍地"陈述""争辩"昆曲的"当代"价值之时，又有多少人认认真真地行动起来，实实在在地在当下之境中去唤醒那从未真正逝去的大雅之灵？又有多少人曾深切诚恳地反省，本来就以营造"情"之"氛围"而著称的昆曲之剧场性，又怎能被局限在种种狭隘的学科与类型的范域之中？然而，我毕竟又写就了这一篇同样迂曲而累赘的文字，似乎也同样不合时宜。那还是让我们回到那一个清寒的夜，再度沉浸、迷失在那古老的"情"与"境"之中，久久不愿醒来。"人散曲终红楼静，半墙残月摇花影。"……

---

① 甘诺特·波梅，《气氛——作为一种新美学的核心概念》，杨震译，收于《艺术设计研究》2014年第1期，第19页。

音乐作为宇宙之力
—— 从鸟鸣到鲸歌的哲思

一、导引：失去宇宙之力的音乐

音乐，从来都不只是人类的创造，而同时也是或更是宇宙之力量。古今东西，似乎莫不如此。东西方的音乐即便在历史和风格等等方面存在着诸多明显差异，但音乐作为宇宙之力这个根本的原理却几乎堪称两大传统之间最深刻也最源远流长的相通之处。《庄子·齐物论》中关于地籁、人籁、天籁的阐释向来为人津津乐道[1]，同样，西方音乐从古希腊开始就将"宇宙的和谐与一致"[2]作

---

[1] 同样值得注意的是，中世纪著名的哲学家、音乐理论家波埃修也曾做出过极为相似的三元性区分，可参见 Albert Seay, *Music in the Medieval World*, Englewood Cliffs: Prentice-Hall, 1965, p. 21。

[2] 格劳特、帕利斯卡，《西方音乐史》（第六版），余志刚译，人民音乐出版社 2010 年版，第 5 页。

为终极的理想。

　　然而，至少仅从西方音乐的后续发展来看，宇宙之力这个本原和本质似乎越来越遭到搁置、质疑乃至否弃。在名作《音乐哲学：一部历史》（*Philosophy of Music: A History*）之中，马蒂内利（Riccardo Martinelli）就将近代以来的西方音乐史主导发展趋势概括为"去自然化"（de-naturalized）与"去魅"（disenchantment）这两个要点，前者更直接地将音乐与人的主观体验关联在一起，而后者则更为突出音乐与世俗的社会生活之间的密切关联。二者其实根本上皆可理解为对宇宙之力的明显偏离与否定，由此，音乐越来越作为人对外部世界的主观表征，而非世界自身的客观秩序；同样，音乐越来越作为人与人之间相互维系的媒介和纽带，而不再具有任何超越的、外部的终极指向（无论是自然、理念还是上帝）。

　　虽然亦不乏例外和偏离（比如浪漫主义运动），但理性化和世俗化这两大总体趋势直到今天仍然牢牢掌控着西方音乐的创作与精神。甚至可以说，当如今的电子音乐愈发全面转向数字化和程序化的时候，它亦日趋形成一个"自我指涉"

的封闭体系①，进而不仅从根本上斩断了与宇宙之间的原初关联，更是连主观体验这个理应关注的要点都逐渐被忘记和遗弃。数字化的音乐，即便往往也热衷于描绘宇宙万物之间彼此相通的共鸣和交响的宏大图景，但它所呈现的宇宙充其量只是一个至大无外的数字和代码的体系，在其中所相通的只是终极的算法，所共鸣的只是各种交互性的操作。固然，数字音乐或许确实不妨视作是对传统音乐形式的根本性变革，并由此展现出人类音乐发展的未来趋势，但宇宙之力的丧失和主观体验的缺失这两个明显症结却注定要引导有心的思考者进一步追问：音乐的发展是否还有其他可能？回归宇宙之力是否也可以是音乐一种值得追求和憧憬的未来？

二、从"和谐"（Harmony）到"无定"（apeiron）：重归宇宙之力的本原

当朝向未来的趋势显得疑窦丛生甚至困难重重之际，重归历史和本原往往不失为一条可行的

---

① "自我指涉"这个说法借自 Ronald Bogue, *Deleuze on Music, Paintings, and the Arts*, London and New York: Routledge, 2003, p. 14。

反思之道。对于音乐的反思亦同样如此。对"和谐／和声"这个西方音乐的古老理想的重思和深思，也许不仅会令我们更为深刻地理解宇宙之力这个本原，而且更能由此敞开那些或许人类尚未深思或向来忽视的朝向未来的创造性潜能。

"Harmony"这个词，在西方音乐史和思想史上都是一个古老而令人敬畏的词语。它的含义极为错综复杂，值得稍加澄清和辨析。首先，若从其古希腊的词源上来看，单纯译成今天音乐学中通行的"和声"这个术语就略显狭隘了，因为它的原初含义绝非仅局限于乐音、声部之间的呼应与适配，而更是揭示和界定了上至天地、下至人间的贯通宇宙万物的根本秩序和原理：和谐就"意味着将分离甚或冲突的要素整合为一个有序的整体"①。显然，音乐并不能涵盖这个整体的全部，而至多只是这个涵纳万有的终极和谐的一种（尽管是最具典型性的）有形的体现。既然如此，那么和谐就必然呈现于这个世界从物质到精神的各个方面，进而在这些看似分离乃至分立的领域和方面之间建立起密切的共鸣和交织。从物质的方

---

① Edward A. Lippman, *Musical Thought in Ancient Greece*, New York and London: Columbia University Press, 1964, p. 3.

面来看，和谐最终体现为有限（limited）与无限（unlimited）之间的张力①，因为万事万物最终的发展趋势皆是突破、转化自身的既定边界，进而融汇于宇宙洪流之中。而从精神的方面看，这个宇宙论的张力在人的身上和灵魂之中又展现出苦乐相生的深刻体验。当身心和谐，携手摹仿、追求着宇宙的终极秩序之时，这将会给人带来至福和极乐；反之，当和谐崩坏，秩序解体，那么，它将在人的身心之中产生各种程度不一的病痛和苦痛。②

这里可清晰看到，在西方音乐的本原之处，贯通于有限与无限之间的宇宙之力和震荡于快乐与苦痛之间的主观体验早已发生着密切的、本质性的关联。这个本原之思将作为本文后续的主导线索，在此不妨再结合格思里（W.K.C.Guthrie）的经典研究进一步揭示其中的诸多要点。在巨著《古希腊哲学史》第一卷之中，他对毕达哥拉斯学派的和谐概念进行了三点概括。③首先，和谐并非仅局限于音乐的原理，而更是宇宙的大道，由此

---

① *Musical Thought in Ancient Greece*, p. 5.

② *Musical Thought in Ancient Greece*, p. 33.

③ W.K.C.Guthrie, *A History of Greek Philosophy*, Vol. I, Cambridge University Press, 1962, pp. 206-207.

指向着宇宙的终极秩序（kosmos）。其次，只是这样做出"万物皆和谐"这个根本界定还远远不够，势必还需要进一步回答"万物何以和谐"这个根本问题。对此，毕达哥拉斯的回应也很清晰明确，万物的和谐源自万物之间的相似（akin）。由此也就导向最终的善恶鲜明的价值判断：和谐与秩序代表着至真至善至美，反过来，无序、混沌和无定也就注定将堕入假恶丑的深渊。

这三重界定不仅凝练有力，而且还引出了两个更与本文相关的要点，分别是时间性和主体性。从时间性的角度看，和谐与混沌、秩序与无定之间的差异得到了更为深刻的哲学上的阐释。格思里明确指出，与混沌无序的运动截然相反，和谐的秩序不仅在空间形态上呈现为可见的方向和维度，而且更是在时间上展现为有节奏、可划分、可计量的 Chronos 式的形态。[1] 不过，他的论述和行文之中显然还是太过偏重于和谐与秩序这一极，而忽略了其实混沌与无定亦有着自身所独有的时间形态，那正是与 Chronos 形成对照乃至对立的 Aîon。德勒兹后来（尤其在《意义的逻辑》中）对这一对古老的概念进行了自己的独到诠释。

---

[1] *A History of Greek Philosophy*, Vol. I, p. 80.

如果说 Chronos 展现为时间的可计算的、清晰划分的过去、当下、未来的先后次序，那么 Aîon 则正相反，它所描绘的是时间的不同维度的交织、互渗，进而展现为一种绵绵不绝的创造与生成。①

而一旦进入这个至为关键的时间性的对比，和谐与无定之间的等级关系似乎反倒是发生了一个戏剧性的颠倒和转换。原本，在从毕达哥拉斯到柏拉图的宇宙论图景之中，和谐始终位居中心、本质和至高的地位，无定至多只是附属、背景和边缘。但一旦引入 Aîon 这个时间性的视角，那么，无定就从其如影随形的卑微地位转而进一步深化为宇宙万物之所以生成流变的真正的生命本原，而 Chronos 则反倒成为对于此种生命力的限制、压制乃至否定。宇宙的音乐，本应该奏响无定的变幻无穷、流动不居的乐章，而绝不会也不该仅局限于循规蹈矩的秩序，明晰划分和计算的节奏。这也正是德勒兹音乐哲学的要点。之所以跨越了近两千年的时间，从毕达哥拉斯直接跃至德勒兹，也正是因为，后者堪称是在音乐长久地遗忘了其宇宙之力的本原之后第一位对其进行唤醒和阐释的重要哲学家。只不过，德勒兹（尤其

---

① *Deleuze on Music, Paintings, and the Arts*, p. 34.

在与加塔利合作的《千高原》之中）再度唤醒的
宇宙之力显然早已与和谐这个古希腊的本原形成
了鲜明的对反，它不再仅致力于建构和谐与秩序，
更是转而赞颂生命本原之处的无定而混沌的生成
之力。

　　而一旦完成了从和谐向无定的宇宙论转向，
同时也就带来了对主观体验这另外一个要点的全
然不同的理解。古希腊那和谐的宇宙音乐在人的
身心之中激发出苦乐相生的体验，而这两种体验
之间的张力始终是存在的，难以最终被化解。诚
如马蒂内利的精辟论断，宇宙和谐虽然最终意在
提升人的能力与德性，但与此同时，它作为至高
而宏伟的秩序也显然对人类的心灵施加着难以承
受的压力。一句话，和谐既是至真至善、美轮美
奂的天体音乐，同时也在人类主体面前呈现出令
人生畏的"魔鬼般的"（demonic）力量。[1]格思
里亦有近似的论述，比如他在论述毕达哥拉斯的
章节最后就概括指出，和谐所激发的是两种看似
既相反又并存的悖论性的灵魂面向，一方面它显
然对应着人的灵魂之中那种以理性原则为主导和

---

[1] Riccardo Martinelli, *Philosophy of Music: A History*, translated by Sarah De Sanctis, Berlin/Boston: De Gruyter, 2019, 'Preface', vi.

统领的身心和谐的状态，但另一方面，它又打开了穿越生死、神秘难解而又充满苦痛的"邪魅"(daimon)[1]的魔力。然而，德勒兹式的生成而无定的宇宙之力却显然相反，他虽然并不否定苦乐相生并存这一基本事实，但最终还是毫不迟疑地将快乐凌驾于苦痛之上，将生命肯定自身的力量凌驾于否定生命自身的外力之上。"音乐从来都不是悲剧，而是快乐"[2]，这句话恰好可以作为德勒兹式的宇宙音乐的终极体验。之所以如此，根本上也是因为德勒兹的音乐哲学的宇宙论前提与古希腊相比发生了彻底逆转，从和谐转向了无定，从相似转向了差异，从"一"转向了"多"，从明辨善恶的道德判断转向了（尼采式的）"超越善与恶"的创造性的生命本原。

三、从鸟鸣音乐到电子音乐: 迭奏曲（la ritournelle）及其内在困境

然而，德勒兹式的宇宙音乐固然推陈出新，对日渐深陷于去魅和世俗化潮流之中的古老的音

---

[1] *A History of Greek Philosophy*, Vol. I, p. 319.

[2] 转引自 *Deleuze on Music, Paintings, and the Arts*, p. 24。

乐之灵起到了难能可贵的再度唤醒之功效，但若细究《千高原》的文本，却不难发现他的理论所面临的种种局限乃至困境。

那就先从迭奏曲这个德勒兹音乐哲学的核心关键词入手。伯格在《德勒兹论音乐、绘画与诸艺》之中对迭奏曲的界定、形态与特征进行了最为清晰凝练的概括，值得参考。首先，谈论音乐和音乐哲学，难道不应该从那些更为普遍而基本的特征入手吗？比如旋律、和声、节奏、配器、演奏等等？那又为何一定要以迭奏曲这样一个看起来不甚重要的小类型来以偏概全地谈论音乐的本质呢？不妨先从《千高原》中的界定开始："音乐就是一种能动的、创造性的操作，它致力于对迭奏曲进行解域。"[1] 这段话的要义在于，一方面，迭奏曲的基本功用正是用来形成音乐之中的各种可见的秩序和结构；但另一方面，音乐真正的名副其实的"操作"恰与迭奏曲相反，不是趋向于可见的、有形的秩序，而更是返归于无形的、潜在的、创生性的力量。若还是借用古希腊的那对基本概念，迭奏曲可说是秩序这一面，而音乐则

---

[1] Gilles Deleuze & Félix Guattari, *Mille Plateaux*, Paris: Les Éditions de Minuit, 1980, p. 369.

每每趋向于无定这个本原。

　　不过，要是由此将音乐和迭奏曲置于两极对立的关系之中，就不免顾此失彼了。作为音乐之中一个相当关键的操作步骤，迭奏曲本身其实已经包含着种种返归无定的解域之力。这清晰体现于其基本形态之中。迭奏曲大致有三种，方向的，维度的，"过渡或逃逸的"（passage or flight）。① 如果说前两种致力于建构秩序，那么第三种则显然更趋向于无定和解域，它令既定的秩序发生转换，在不同秩序之间建立交织，甚至令秩序本身不断返归更具开放性和创造性的本原。正是由此，《千高原》的文本之中明确将迭奏曲与宇宙之力关联在一起："混沌之力，界域之力，宇宙之力：所有这些力量彼此交锋，进而汇聚在迭奏曲之中。"② 那么，迭奏曲又如何起到此种兼为建构秩序和返归混沌的功效呢？德勒兹（和加塔利）给出了各种具体的操作，比如编码、解码、超编码、转码等等，这里不必赘述。但无论这些说法具有怎样的启示性，它们仍面临着一个极为致命的质疑。用各种代码的操作来描绘乃至界定秩序的建构，

---

① *Deleuze on Music, Paintings, and the Arts*, p. 17.

② *Mille Plateaux*, p. 384.

这完全没有问题，甚至也可以说是今天众多学科普遍认同和采用的手法。但如何又能以此来展现返归无定和混沌的运动呢？即便是大量使用"分子""粒子"这样看颇为"幽微"和流动的力量也显然于事无补，诚如谢德瑞克（Rupert Sheldrake）在名作《形态共振》（*Morphic Resonance*）之中所敏锐剖析的，仅仅借用代码、分子这样的术语来阐释生命的创生，这充其量只是一种"改头换面的机械论"①，只不过它所默认参照的机器之原型从近代的钟表、蒸汽机变换成了如今的计算机。

　　这个明显症结进一步体现于《千高原》的"迭奏曲"这一章中重点援引的两个音乐案例。第一个是梅西安的鸟鸣音乐。看起来这会是将音乐带回到宇宙之力的一个极为经典的尝试。尽管自然或动物的声音在历史上那些大作曲家的作品之中俯拾皆是，但它们往往只是成形作品的边缘性赘饰，而根本无从影响乃至决定整部作品的结构和发展。说到底，即便以往的音乐关注了自然，但也只是用音乐自身的手法去进行"摹仿"和"再现"，而并未如梅西安这般真正令音乐向大自

---

① Rupert Sheldrake, *Morphic Resonance: The Nature of Formative Causation*，Rochester: Park Street Press, 2009, pp. 10-11.

然敞开自身。就此说来，梅西安说自己是"有史以来第一个关注鸟鸣"[1]的音乐家，这绝非夸大其词。不过，有创意的想法往往并不能真正贯彻于行动之中。梅西安的创作也是如此，当我们仔细聆听其音乐、斟酌其自述之际，自然之声、宇宙之力这些原初的美好愿景似乎都慢慢化为蜃景和泡影。比如，他在那篇重要访谈的最后，就明确将自己的创作手法概括为"对鸟鸣所形成的一种真正的科学式的精确观念"[2]。显然，他最终所意欲的，并非令音乐向自然敞开，而更是以音乐的方式对自然进行转码和转译。固然他在访谈之中也大量谈到了鸟鸣与领土、界域和环境之间错综复杂的关系，但他自己所采用的基本手法归结到底只有一个，就是将鸟鸣和自然之声皆转换成人类的语言以及（作为语言的类比和拓展的）音乐形式。[3] 他自己就明确承认，他的工作正是"对我自己所听到的声音进行转换（transposition），但却是在一个更接近人类的尺度之上"[4]。

---

[1] *Olivier Messiaen: Music and Color, Conversations with Claude Samuel*, translated by E. Thomas Glasow, Portland: Amadeus Press, 1994, p.97.

[2] *Olivier Messiaen: Music and Color*, p.97.

[3] *Olivier Messiaen: Music and Color*, p. 86.

[4] *Olivier Messiaen: Music and Color*, p. 95.

　　如果说梅西安的做法还只是将自然的鸟鸣转译成人类的语言和音乐的代码，那么，《千高原》中的第二个重点案例就愈发偏离、远离了宇宙之力这个原初的本原，甚至大有形成彻底断裂之鸿沟的态势。那正是以瓦莱士（Edgard Varèse）为代表的电子音乐。固然，若从起源上来看，电子音乐显然要比梅西安式的学院派的作曲创作更为贴近自然。比如，作为电子音乐的一个重要源头，皮埃尔·舍费尔（Pierre Schaeffer）所创造的"具象音乐"就是试图以电子设备为中介和手段，令人类听者更直接、更深入地沉浸于外部的声音世界之中。《铁道练习曲》正是典型案例，而所谓"还原聆听"所发出的也是最为纯正的哲学的呼声[①]：悬置所有人类的意义、主观的表征，直面声音本身！但这个带有几分现象学色彩的原初立场在电子音乐的后续发展之中却越来越遭到遗忘和弃置，自然之声固然还是大量出现在作品之中，但却日渐沦为背景和素材，比如广为流行的"采样""音色库"这样的做法皆为明证。甚至到了今天这个"终极算法"的时代，数字电影和

---

① 关于舍费尔的三种聆听的理论，可参见米歇尔·希翁，《视听：幻觉的建构》，黄英侠译，北京联合出版公司 2014 年版，第 23—28 页。

电子游戏的特效正在迫近逼真之极致，同样，电子音乐也似乎早已不再将"向自然敞开"奉为自己的信条，而更是将营造一个自我指涉、自我封闭、不断拓展、算法操作的数字宇宙作为终极的目标和极致的乐趣。[①] 音乐根本无需、也不可能再向外部敞开，因为根本不存在一个外部，或者说，所谓的外部只是不断生成和拓展的逼真数字特效而已。我们看到，宇宙之力在梅西安的笔下还只是被转码，但到了当今的数字音乐之中，则早已蜕变成超编码（surcodage）的"庞然大物"（hyperobjects）。

四、从鸟鸣到鲸歌：基础设施（infra-structure）作为否定性裂痕

当然，德勒兹（和加塔利）也早已意识到了这个困境，而他们的解决方式也与《形态共振》如出一辙（两本书的出版时间也极为接近，或许绝非偶然），那正是以"形态发生"（morphogenesis）为核心要点来克服代码式机械论

---

① 尤其可参见 Sean Cubitt 的《电影效应》（*The Cinema Effect*）一书第九章"新巴洛克电影"。在这个意义上，也确实可以恰如其分地将今天的电子音乐称作"新巴洛克音乐"。

的缺陷，由此为生机论这个看似过时的学说提供坚实的科学证据和哲学论据。

根据谢德瑞克自己的概括，以代码为核心的基因理论最根本症结就在于，过于局限于可见的、线性的、因果式的代码之链，而没有看清，所有这些编码、解码、转码等等的操作都唯有依托于一个原初的"形态场"（morphic field）才能实现和展开。与基因链相比，形态场更展现出潜在、动态、共振（resonance）、记忆等等明显特征。[1]这里我们看到，这些几乎就是整部《千高原》中同样反复阐释的基本要点。因而，两部大作之间的互映互诠也是彼此理解的有效方式。只不过，即便有着众多本质的相通，二者之间仍然存在着一个根本差异，即谢德瑞克更为强调潜在形式之间相似性的共振[2]，而《千高原》则显然更为醉心于展现差异、流变的力量之源。概言之，即便潜在之场域是二者所共有的核心概念，但前者显然更接近古希腊的和谐理想，后者则无疑更倾向于回归无定之本原。

但这个差异并不影响形态发生对于《千高原》

---

[1]　*Morphic Resonance*, pp. 107-108.

[2]　*Morphic Resonance*, p. 109.

的重要的理论奠基。甚至不妨说，唯有它才能为全书中所充斥的代码式机械论提供一个更为切实而有效的本体论前提，进而为"生命是什么？生命何以创造？"这些德勒兹终其一生苦苦追问的根本问题给出极为恰切而深刻的回应。[①] 迭奏曲作为音乐生命的重要动机，也同样可以且理应以此来理解。它的明显而主要的功用或许确实是在代码操作的层面上建构起音乐的种种可见的形式，但这些操作的前提仍然鲜明地向着形态发生的宇宙之力这个源头敞开。

　　不过，至此只是解释了"为何"要敞开这个根本问题，而"如何"敞开却还是一个悬而未决的难题。对此，《千高原》所着力倚重的关键论据之一正是于科斯屈尔（Jakob von Uexküll）的

---

① 这一点，除了在《千高原》的文本之中有着诸多明证之外，还在德勒兹之后的西方思潮的发展之中有着极为明晰的线索。比如，后人类主义的奠基者之一海尔斯（Katherine Hayles）在其代表作《我们何以成为后人类》之中就已经对"虚拟性"的数字技术的未来发展忧心忡忡，认为它们日渐抽离了物质的根基和人类的肉身。而在其近作《非思》（*Unthought*）之中，她更为明确地转向德勒兹的生命主义，并尤其倚重"聚合体"（assemblage）这个《资本主义与精神分裂》系列中的关键术语来对虚拟性的发展趋向进行纠偏: N. Katherine Hayles, *Unthought: The Power of the Cognitive Nonconscious*, Chicago and London: The University of Chicago Press, 2017, p. 117。

生物符号学。但也正是在这里，我们同样发现了
两个明显的疑难。一方面，《涉足人类和动物的
诸世界》(*A Foray into the Worlds of Animals and
Humans*) 这部名作中的论述固然细致入微、生意
盎然，而且确实全书都围绕各种音乐的面向展开，
致力于揭示大自然自身的曼妙而丰富的旋律、交
响、音调等等 ①，但问题恰恰在于：他最终偏向的
到底是音乐的哪一个面向，是和谐的秩序，还是
无定的混沌？至少就于科斯屈尔本人的明确论断
而言，很显然和谐才是他的最终诉求 ②，因此，援
用他的理论来印证《千高原》中那更展现出无定
之力的形态发生的原理，显然有些不甚充分。另
一方面，作为一个坚定的康德主义者，他从根本
上所关注的正是动物在对环境进行感知和认知的
过程之中所展现的那些先天的"主观性的结构框
架"(structural plan)。③ 固然，这个框架更具有
开放性、灵活性和变动性④，而且所导向的也是更
为多样而丰富的意义性关联，由此或许更接近梅

① Jakob von Uexküll, *A Foray into the Worlds of Animals and
Humans*, translated by Joseph D. O' Neil, Minneapolis: University of
Minnesota Press, 2010, p. 171.

② *A Foray into the Worlds of Animals and Humans*, p. 172.

③ *A Foray into the Worlds of Animals and Humans*, p. 150.

④ *A Foray into the Worlds of Animals and Humans*, p. 84.

洛 - 庞蒂式的具身化的"格式塔"而非康德式的先天"形式",但说到底,这最终仍然是将人类的认知和行动的框架投射于动物身上、环境之中。即便于科斯屈尔坦承,他的最终诉求正是想通过这一番动物符号学的研究来让人类超越自身的相对封闭的认知界域①,向着更为广大的环境乃至宇宙敞开,但仅仅将动物塑造为一种近乎人类的认知"主体"(subject)真的是一种可行的敞开之道吗?诚如萨根(Dorian Sagan)在英译本序言中不无尖锐地暗示到的,即便我们认同书中的种种立场,但最终还是没有办法真正回应"成为一只蝙蝠是怎样的体验?"这个内格尔难题。动物学家于科斯屈尔到底如何能够证明,他的那些栩栩如生的记述就是动物与环境之间真实的"体验"关系,而不只是他自己一厢情愿的移情与投射呢?

这两个质疑也同样适用于《千高原》文本之中的论证。即便德勒兹(和加塔利)更偏向无定而非和谐,但他们所畅想的那些迭奏曲和解域之音乐,到底是动物在环境之中真实奏响的乐章,抑或只是哲学家们向动物身上所投射的理论想象?解决不了这个根本的难题,那么,所谓"音

---

① *A Foray into the Worlds of Animals and Humans*, p. 200.

乐作为宇宙之力"这个看似深刻的命题也只能是一纸空文。既然德勒兹自己的论证已然陷入僵局，那我们当然就有必要去别处寻求解答的灵感。而近来影响甚广的彼得斯（J.D.Peters）的大作《奇云》及其中所阐发的基础设施（infrastructure）理论或许是一个重要的备选项。从理论上说，基础设施至少对德勒兹式的迭奏曲概念进行了三点纠偏。[①] 首先，它显然克服了《千高原》之中充溢的种种过于普遍乃至泛化的解域－结域－再结域的论述，进而强调深入到具体的媒介现象和生存环境之中去剖析那些错综复杂的力量格局。其次，与德勒兹式的浪漫诗意的生命主义又有所不同，脚踏实地的基础设施理论往往更突显出环境对生物的限定作用、媒介对人的操控和左右。如此更带有政治含义的立场往往提醒那些德勒兹主义者们，绵延不已的生成总是会在铜墙铁壁般的基础设施面前遭遇挫折和夭折。第三，还应看到，基础设施的运作形态本身也是复杂的，它不只是作为物质性的基础和限定性的整体架构，比如拉

---

① 或许也正是因此，《千高原》之中对基础设施这个概念进行了尖利的口诛笔伐。但这些不无偏颇的批判之辞主要还是针对经典马克思主义的立场，而基础设施理论晚近以来的发展却恰恰已经对德勒兹自己的立场构成了有力的挑战。

尔金（Brian Larkin）、彼得斯乃至朱迪斯·巴特勒等人的论述都更为突出基础设施的"脆弱性"或"不稳定性"（precarious）。[①]

这第三个要点显然更有助于我们对音乐的宇宙之力进行一番异于德勒兹的阐释。基础设施的脆弱性又具有两个迥异的面向。一方面，脆弱就意味着不稳定，因而具有变动和开放的可能。仅就这一点来看，似乎又与德勒兹的论述并不矛盾，甚至可说是珠联璧合。比如，彼得斯在谈论海洋作为原初媒介场域的第二章开篇就指出，"海洋是一个原初的没有媒介的区域，其中所有的人类的创造物（fabrication）都不可能存在；在另一种意义上说，海洋是所有媒介的媒介，它如同一个源泉"[②]。海洋之所以"没有媒介"，并非是因为它是一片彻底的空洞或全然的无序，而恰恰是因为它是本原性的无定，因而得以不局限于、固守于任何一种既定的秩序，进而源源不竭地创生出无限丰富的秩序。这看起来确乎近似德勒兹式的生机论的翻版，但彼得斯接下去的论述却得以有效化

---

① 可参见拙文，《元宇宙中的脆弱主体》，《贵州大学学报》（社会科学版），2022 年第 6 期，第 37—46 页。

② 约翰·杜海姆·彼得斯，《奇云：媒介即存有》，邓建国译，复旦大学出版社 2021 年版，第 64 页。

解上面提及的内格尔难题。基础设施的不稳定性，使得我们得以不断突破既有的媒介形态、既定的生存环境。但这样一种敞开到底如何实现呢？或许并非仅通过动物学家和哲学家们的理论投射，进而在人、动物与环境之间贯穿起连续性的和谐或生成；反之，亦可以从否定性的面向出发，以近乎思想实验的方式找到一个与人类最为对反的极端案例，由此敞开人类自身尚且蕴藏的差异和转变的极端可能性。鲸类恰好是这样一个极端的案例。从感知、语言、繁殖等等各个角度来看，鲸鱼都与人类形成了极为鲜明的对比和反差，正是由此，这些海洋中的庞然巨兽带给人类的或许就不只是敬畏，而更是"没有物质支持的生存状态是什么样子"[①]的深刻启示。人向环境的开敞，迭奏曲向宇宙之力的开放，或许远非只是人类在万物之中到处投射着、辨认出那亲切而熟稔的生命运动（无论是有机体的生命，还是微观分子的生命），而更是在极端对立面的否定面前确证、开启那些或许迥异于生命的别样可能性。

---

① 《奇云》，第 89 页。

五、结语:音乐作为自然之哀伤（Trauer）

这或许也正是梅西安的鸟鸣和彼得斯的鲸歌之间的根本差异。在鸟鸣之中，人类总是能清晰辨认出自己的语言和音乐的代码；但在鲸歌面前，我们却一次次遭遇到来自绝对他者的冲击和创伤。由此也就最终涉及基础设施的脆弱性的另一重根本面向，那不再只是逾越边界、转换结构，而更是一种绝对的否定性，由此涉及对自然、宇宙及其音乐的截然不同的理解。宇宙，当然不只是人类投射和建构的图景，但或许同样也不只是浪漫的世外田园或蕴生万物的宏伟母体[1]，而更是展现出弗卢塞尔（Vilém Flusser）意义上的"无根基"（Groundless）的"深渊"（Abyss）之貌。[2]

这也就涉及对音乐的宇宙之力的别样阐释。韦斯（Joseph Weiss）在近作《音乐的辩证法》之中就明确指出，应该从和谐的观念论（idealism）和德勒兹式的生命论进一步转向阿多诺式的否定

---

[1] Mette Bryld and Nina Lykke, *Cosmodolphins: Feminist Cultural Studies of Technology, Animals and the Sacred*, London and New York: Zed Books, 2000, p. 52, 图表 2.1。

[2] 参见拙作《"姿势"的意义：技术图像时代的"无根基之恶"》，《文化艺术研究》2022 年第 6 期，第 1—16 页。

辩证法①，这就在秩序与无定这宇宙之力的两极之间又呈现出第三种可能性。不是用肯定来取代和超越否定，也不是仅将否定作为暂时的过渡环节，而是停留于否定的绝对状态②，进而直面自然本身那至为幽暗的深渊，聆听宇宙本身那至为沉默而陌异的哀伤。③这或许正是在这个脆弱不安的时代的音乐之使命。这或许也同时敞开了以宇宙音乐和聆听体验来重塑主体性的重要途径。

① Joseph Weiss, *The Dialectics of Music: Adorno, Benjamin, and Deleuze*, London and New York: Bloomsbury Academic, 2021, p. 13.

② "被否定的东西直到消失之时都是否定的。"（阿多诺，《否定的辩证法》，张峰译，上海人民出版社 2020 年版，第 137 页）

③ *The Dialectics of Music*, p. 49.

后记

　　书写完了，还是感觉意犹未尽，再借此与大家多聊两句。

　　这是一本很特别的书。不仅是因为它的主题是如此的特别，确实很少有哲学的专著会将声音和音乐作为唯一的主题；而且，它在我的人生之中也占据着一个极为独特的位置。熟悉我的朋友可能都知道，我自己一直是一个极为狂热的音乐爱好者和发烧友。虽然我自己"五音不全"，唱歌跑调，也不识谱，但自打上学读书以来，听音乐，听各种各样的音乐，就构成了我人生之中几乎第二重要的事情。第一重要的，当然是读哲学书。

　　我听音乐还有个"癖好"，就是不仅非常专业，而且还喜欢严格遵循历史发展的线索来听。所以，我每进入一个音乐的类型、每爱上一个独特的音乐家，就开始像做学术研究那样，收集资料、梳理脉络、整理心得。身边的朋友、学生、师长，往往会惊叹我的近乎海量的大脑音乐库，这其实真没什么奇怪的，因为我从小学一直到现在，只要是醒着，都会沉浸在各种音乐的氛围之中。哪怕是睡梦中，我也会分辨出，那到底是一个暗潮（dark wave）式的梦境，还是一种印象派的色调。

这样一来，我的生命历程也就跟我的聆听体验异常密切地联结在了一起，甚至总是产生着极为深切的共鸣。我对生命中那些刻骨铭心的事件的记忆，也每每伴随着一首曲子，一次感动，一种氛围。并不夸张地说，我的人生历程几乎跟音乐发展史是完全吻合的，高中听古典，大学听摇滚，读研了就开始跟随电子和后摇的潮流了。所以，你要是问我，生命里面到底有什么体验能够形成一种柏格森式的绵延运动，我觉得那肯定就是音乐了。也正是因此，音乐与我的哲学研究之间也就注定会产生难解难分的关联。收进这个集子里面的文章，有很多都是我早年所作，这些都体现出音乐和声音对于我找到自己的学术道路是何等的关键和重要。

不过，近些年来，写声音的论文确实少了，这大概主要出于两个缘由。一是自己的研究视野不断拓展了，从电影到电子游戏，从网络社会到数字交往，我开始更为广泛地关注和反思当下的现实和生存。第二，其实也是一个非常私人的原因，那就是我好像越来越不那么"孤独"了。通过节目，通过讲课，通过各种各样的活动，我结识了越来越多的好友和知音，这也让我慢慢走出了原本封闭的心灵，去拥抱他人，去走进世界。文集中的后几篇文章都是在这样的心路转折之中和之后所写，也显示出我试图以音乐和声音来"与世界和解"的努力和勇气。荣格曾说，哲学就是"找到回家的路"。我一开始确实迷失在这个世界之中，只能用音乐来温暖自己孤独的灵魂，但如此，音乐和声音成为再度联结我与世界的亲密纽带，这又是怎样的一件幸事。我在哲学中尝试进行的改变，音乐也同样赋予了我。我注定还是属于音乐的，它注定是我一生无法割舍的寄托和挚爱。希望在未来，在晚年，我还能有心境，有力量再来写一部关于声音和音乐的哲学书，也许那会是对我的一种终极的交代。

在此，首先要衷心感谢杨全强老师和您出色的编辑团队。没有你们，也就不会有这本小书的新生。它可能是我所有著作中最具有自传意义的一本，所以它的意义非凡。还要友情提醒读者朋友们，大家捧在手里的这本书看上去如此的酷，如此的充满声音的质感和韵律，这也全是杨老师精心设计的结晶。能够以一种艺术家的激情和想象去从事学术的出版，杨老师一直是我颇为钦佩的前辈。

另外，文集中的篇章很多都已经发表在各种学术期刊上，在此也向一直以来支持我的编辑老师们致以真诚的感谢。我明白自己还有很多不足，但我一直在努力，我不会放弃。

以下是各篇文章的出处：

《"未完成"的节奏》，《世界哲学》2015年第 1 期；

《琴"声"如"诉"》，《文艺理论研究》2015 年第 3 期；

《"声音"与"意义"》，《哲学动态》2015年第 6 期；

《白噪音、黑噪音与幽灵之声》，《文艺理论研究》2016 年第 6 期；

《重复："囤积"，抑或"凝缩"》，《文艺研究》2013 年第 12 期；

《作为"想象理性"的隐喻》，《外国文学》2015 年第 1 期；

《独自聆听》,《上海文化》2022 年第 2 期;

《游戏不相信眼泪》,《中国游戏研究》,华东师范大学出版社 2023 年版;

《音乐作为宇宙之力》,《上海文化》2023 年第 6 期;

再次感谢大家。期待在宇宙的任何一个角落聆听到大家的声音。

姜宇辉

2023 年教师节，于金桥家中

图书在版编目（CIP）数据

黑噪音、白噪音与幽灵之声 / 姜宇辉著. -- 上海：上海文艺出版社，2024
ISBN 978-7-5321-8929-8

Ⅰ.①黑… Ⅱ.①姜… Ⅲ.①声学—哲学 Ⅳ.①O42-05

中国国家版本馆CIP数据核字(2024)第008856号

发 行 人：毕　胜
出版统筹：杨全强　杨芳州
责任编辑：肖海鸥
特约编辑：唐　珺　金　林
装帧设计：SOBERswing

书　　　名：黑噪音、白噪音与幽灵之声
作　　　者：姜宇辉
出　　　版：上海世纪出版集团　　上海文艺出版社
地　　　址：上海市闵行区号景路159弄A座2楼 201101
发　　　行：上海文艺出版社发行中心
　　　　　　上海市闵行区号景路159弄A座2楼206室 201101 www.ewen.co
印　　　刷：苏州市越洋印刷有限公司
开　　　本：1092×787 1/32
印　　　张：11
插　　　页：4
字　　　数：165,000
印　　　次：2024年4月第1版 2024年4月第1次印刷
I S B N：978-7-5321-8929-8/B.103
定　　　价：72.00元

告　读　者：如发现本书有质量问题请与印刷厂质量科联系
T: 0512-68180628